CATALOGUE

DES

FOUGÈRES, PRÊLES ET LYCOPODIACÉES

DES

ENVIRONS DU MONT-BLANC

OU

ÉNUMÉRATION DÉTAILLÉE DES PLANTES ACOTYLÉDONES VASCULAIRES.

QUI NAISSENT DANS LES VALLÉES DE

Sixt, Servoz, Diozaz, Bérard, Valorsine, Trient, Champé, Essert, Ferret, Allée-Blanche, Chapiu, Mont-Joie,

COMPRISES DANS UN RAYON DE 200 KILOMÈT. AUTOUR DE CELLE DE CHAMOUNIX

SUIVI D'UN

Catalogue des Mousses et des Lichens des mêmes localités

PAR

V. PAYOT

Naturaliste, à Chamounix

PARIS

JOËL CHERBULIEZ, LIBRAIRE, RUE DE LA MONNAIE, 10

GENÈVE

MÊME MAISON, RUE DE LA CITÉ

1860

CATALOGUE

DES

FOUGÈRES, PRÊLES ET LYCOPODIACÉES

DES

ENVIRONS DU MONT-BLANC

OU

ÉNUMÉRATION DÉTAILLÉE DES PLANTES ACOTYLÉDONES VASCULAIRES

QUI NAISSENT DANS LES VALLÉES DE

Sixt, Servoz, Diozaz, Bérard, Valorsine, Trient, Champé, Essert, Ferret, Allée-Blanche, Chapiu, Mont-Joie,

COMPRISES DANS UN RAYON DE 200 KILOMÈT. AUTOUR DE CELLE DE CHAMOUNIX

SUIVI D'UN

Catalogue des Mousses et des Lichens des mêmes localités

PAR

V. PAYOT

Naturaliste, à Chamounix

PARIS

JOËL CHERBULIEZ, LIBRAIRE, RUE DE LA MONNAIE, 10

GENÈVE

MÊME MAISON, RUE DE LA CITÉ

1860

GENÈVE, IMPRIMERIE RAMBOZ ET SCHUCHARDT

PRÉFACE

Le travail que j'offre maintenant aux amis des plantes et aux botanistes, est le résultat de quinze années d'explorations dans les vallées qui entourent le Mont-Blanc. Il comprend les conditions extérieures de la vie et les lieux de croissance des fougères et des lycopodiacées, plantes qui, par l'élégance de leurs formes et la variété de leurs structures, méritent la prédilection avec laquelle elles sont aujourd'hui recherchées. Cet opuscule pourra servir de guide pour la recherche de ces plantes.

La position isolée de l'auteur ne lui a pas permis de rassembler tous les documents dont le secours lui eût été nécessaire pour donner à son travail toute la perfection désirable. Cependant il a pu mettre à profit la récente Monographie des cryptogames vasculaires de la Suisse, de M. le docteur Bernouilli (die Gefässkryptogamen der Schweiz. Basel 1857) ; la *Flore de France*, de MM. Grenier et Godron ; le Synopsis de Koch (Syn. floræ Germanicæ et Helveticæ. Lipsiæ 1843) et plusieurs autres ouvrages classiques.

L'auteur a eu en outre le précieux avantage d'obtenir le contrôle de M. le professeur Reuter, de Genève, pour la détermination de toutes les espèces difficiles, et ses échantillons ont été comparés aux types que renferment les riches herbiers de MM. Boissier et Reuter.

Dans cet opuscule les hauteurs seront toujours exprimées en mètres au-dessus du niveau de la mer.

Les limites de hauteur verticale des stations d'espèces ont été évaluées par comparaison avec un certain nombre de points dont l'altitude est bien connue. La trace des lignes de neige, et le temps nécessaire pour atteindre la station à mesurer, fournissent à l'observateur attentif, lorsqu'il peut tenir compte de toutes les circonstances accidentelles, des indications d'altitudes comparatives presque aussi exactes que celles qui pourraient se déduire de mesures barométriques non simultanées.

On a indiqué quelquefois la température du sol dans lequel les espèces se développent. C'est lorsque la température du sol se trouvait en quelque sorte déterminée par celle d'un courant d'eau dont la source n'était pas loin. La température indiquée est alors celle de la source, et reste à peu près constante pendant la saison de végétation.

On a marqué d'un * les indications relatives aux propriétés médicales des plantes réellement utilisées dans les lieux où elles croissent. Tous les remèdes qu'emploient les habitants de nos vallées sont tirés du règne végétal.

L'auteur se propose d'étendre ce travail, selon la mesure de ses forces, aux autres familles de la cryptogamie. En attendant qu'il lui soit permis de le faire d'une manière complète, il offre aux botanistes, à la suite de cet opuscule, une énumération des espèces de mousses et de lichens qu'il a rencontrées jusqu'ici dans le rayon de sa flore. Il a lieu de croire que cette énumération, résultat de recherches attentives, est déjà assez complète.

M. le docteur Muller, de Genève, a bien voulu contrôler la détermination de la plupart des espèces de cette dernière série.

Les Rhizocarpées, le Marsilea, la Pilulaire, le Salvinia et l'Isoëtes, plantes qui seraient comprises dans la première étude, n'ont pas été rencontrées jusqu'ici dans le rayon de la flore.

Depuis une quinzaine d'années je parcours régulièrement les environs du Mont-Blanc, comme naturaliste-collecteur. Mes explorations commencent ordinairement vers la dernière quinzaine d'avril, et se continuent jusqu'à la fin d'octobre. — Les vallées de *Chamounix*, de *Valorsine* et de *Servoz* sont celles que je parcours dans les jours de beau temps. Le nombre de mes courses dans chacune de ces trois vallées peut s'élever à cinq par mois, ce qui ferait vingt-cinq par saison.

J'ai visité la vallée de la *Diosaz* deux fois par année, en août et septembre, depuis la même époque. Celle de *Sixt* a été un peu négligée relativement aux autres, à cause de son éloignement;

j'en excepte toutefois la chaîne de montagnes au sud-est de cette vallée, que j'ai parcourue quatre fois au mois de septembre, dans les années 1843, 1848, 1849 et 1854, et dans toute son étendue, au mois d'août 1856. — Les vallées de *Ferret*, *d'Allée-Blanche* et de *Chapiu* ont été l'objet de mes recherches une fois par année, en 1846, au commencement de juillet, en 1849, du 17 au 27 du même mois. Depuis lors j'ai parcouru, en explorateur, cinq fois ces vallées, mais toujours dans le courant du mois de juillet, à l'exception d'un séjour de quinze jours aux environs de Courmayeur, du 7 septembre au 8 octobre 1857, et d'un autre séjour de douze jours dans les mêmes lieux, de la fin de juin au commencement de juillet 1858. La vallée d'Essert a été l'objet d'explorations semblables, à diverses époques, toutes comprises entre le 24 juin et le 7 juillet.

Qu'il me soit permis d'esquisser rapidement le théâtre de ces diverses explorations :

La vallée de la *Diozaz* est une des hautes vallées des Alpes; elle s'étend sur une longueur de 15 à 16 kilomètres, de Servoz au col de Bérard, parallèlement à la vallée de Chamounix, dont elle est séparée par la chaîne des Aiguilles-Rouges. La Diozaz, affluent de l'Arve, la parcourt dans toute sa longueur. Le sol moyen de la vallée est élevé de 1500 à 1600 mètres au-dessus du niveau de la mer.

Il n'y a de forêts que dans la région inférieure, près de Servoz. Des arbustes alpins remplacent les conifères sur les pentes des deux versants, et surtout sur les flancs du mont de Pormenaz. — Les montagnes qui encaissent la vallée sont couvertes de pâturages, un peu rocailleux sur le versant septentrional, et formés, sur les pentes méridionales, d'un très-beau gazon. Le sol est un peu marécageux à la partie supérieure de la vallée vers les sources de la Diozaz.

On entre de la partie supérieure de la vallée de la Diozaz dans celle de *Bérard* par le col de Bérard. Cette petite haute vallée, dénuée de forêts, aride, resserrée entre des rochers nus, s'ouvre dans la vallée de Valorsine, dont elle constitue en quelque sorte la région supérieure. La limite se place au village de la Poïa, à la cascade de l'Eau-Noire, le torrent des deux vallées.

La vallée de Bérard, longue à peine de 8 kilomètres, s'élève de 1350 mètres (la Poïa) à 2300 mètres. La région supérieure prend le nom de Pierre-à-Bérard.

La *Valorsine*, vallée étroite, boisée, mais plus aride que celle de Chamounix, dans laquelle elle s'ouvre, s'élève de 900 à 1300 mètres au-dessus du niveau des mers.

La vallée de *Chamounix*, si célèbre par ses glaciers, ses rochers à dentelures bizarres, ses torrents impétueux et ses ravins profonds, est parcourue dans toute sa longueur (25 kilomètres), par la rivière de l'Arve, qui reçoit des deux côtés de nombreux affluents. Le sol de la région moyenne (le Prieuré) s'élève à 1052 mètres au-dessus du niveau des mers. De vastes forêts couvrent le pied des monts.

La vallée de *Servoz* est en quelque sorte un prolongement de la grande vallée de Chamounix dont la séparent une masse de roches mamelonnées. Le sol couvert d'alluvions de tous les âges est creusé en plusieurs endroits de crevasses profondes, couronnées de grands sapins. Au milieu de ces ombrages, les fougères se développent avec une extrême vigueur. — L'altitude de cette vallée est encore de 800 mètres.

Quelques-uns des ruisseaux torrentiels de nos montagnes coulent dans des gorges étroites qu'ils se sont en partie creusées. Lorsque la végétation s'établit dans ces ravins où l'air se maintient constamment humide, et où le soleil pénètre à peine, elle prend un vigoureux et sauvage développement. C'est dans ces nids de verdure (Ste-Marie, au Fouilly; le Bois-Magnin, au Trient, etc.) que les fougères sont le plus abondantes, et se développent le plus magnifiquement.

Le *versant méridional* de la chaîne du Mont-Blanc comprend les vallées d'Essert, de Ferret, d'Allée-Blanche et de Chapiu. Dépourvues de grands bois, moins humides et moins rocailleuses que celles du versant septentrional, envahies par les glaciers qui occupent tous les bas-fonds, les fougères y sont moins fréquentes. Cependant la végétation excite l'admiration du voyageur par ses contrastes, comme la nature inanimée par sa majestueuse grandeur.

VOCABULAIRE DES NOMS DE LIEUX

Plusieurs localités mentionnées dans le catalogue des fougères ne se trouvant pas sur toutes les cartes, on en donne ici le vocabulaire.

Aiguille-Pourrie, cime des Aiguilles-Rouges.
Aiguilles-Rouges, chaîne de montagnes bordant le côté droit de la vallée de Chamounix ; et dans un sens plus spécial, montagne de la partie nord-est de cette chaîne.
Allée-Blanche, vallée qui s'étend de Courmayeur au col de la Seigne.
Amavilles (les), château dans la vallée d'Aoste.
Andey, pic d'A., au Brezon, près de Bonneville.
Anterne, Col d'A., dans la chaîne des Fyz, entre la vallée de la Diozaz et celle de Sixt.
Argentières, Aiguilles d'A., dans la chaîne du Mont-Blanc.
Arveyron, source de l'A., sort du glacier des Bois.
Asnières, château d'A., près de Bonneville.

Balme, le col de B., à l'extrémité supérieure de la vallée de Chamounix, mène dans le val de Trient ; col et pâturages.
Barberine, chalets dans la vallée de ce nom, qui s'ouvre dans celle de Valorsine.
Bard, chalet de B., dans la vallée de Ferret, près du col.
Barmaz, chalets sur le revers septentrional des Aiguilles-Rouges, région supérieure de la vallée de la Diozaz.
Barmaz, combe de la B., vallon renfermant les chalets de Barmaz.
Batiâ, château de la B., près de Martigny.
Bellevue, pavillon de B. sur le plateau, entre la vallée de Chamounix et le vallon de Bionassay.
Bérard, vallée de B. sur le versant nord des Aiguilles-Rouges, entre les vallées de la Diozaz et de Valorsine.
Bérard, cascade de B., à la Poïa, au bas de la vallée de Bérard ; limite de la Valorsine.
Bérard, col de B., entre la région supérieure de la vallée de la Diozaz et celle de Bérard.
Bérard, crase de B., col imparfait, à droite du vrai col.

Bérard, pierre à B., bloc isolé sur le revers méridional du Buet, dans la région supérieure de la vallée de Bérard et, par extension, cette région supérieure elle-même.
Berryer, chapelle de B. près de Courmayeur.
Biolet, le B., hameau au bas de la montagne de Blaitière, chaîne du Mont-Blanc.
Bionassay, vallon et hameau, dans la vallée de Mont-Joie.
Bocher, localité près de Sainte-Marie, rive droite de l'Arve.
Bois-Magnin, bois dans la vallée de Trient.
Bois-Print, bois près des Gaillends.
Bois-Rond, bois près du pavillon de Bellevue.
Bossons, glaciers des B., chaîne du Mont-Blanc, revers septentrional.
Bouchet, le B. de Chamounix, forêt entre Chamounix et Hortaz.
Bouchet, le B. de Servoz, localité comprenant le village de Servoz et les bois environnants.
Brévent, cime de la chaîne des Aiguilles-Rouges.
Brévent, forêt sur la montagne de ce nom, du côté de Chamounix.
Brévent, lac de B. sur le revers septentrional du Brévent.
Brons, les B., localité sur le versant méridional de la chaîne des Aiguilles-Rouges, sous les chalets de la Parsaz.
Bymos, torrent de B., dans la vallée de Chamounix, près du Tour.

Champé, vallon de C., à l'extrémité occidentale de la chaîne du Mont-Blanc, dans le bassin de la Dranse.
Chapiu, vallée de C. faisant suite à l'Allée-Blanche, du côté occidental; entre le col de la Seigne et le pied du Bonhomme.
Charamillon, chalets de C., les premiers chalets en montant au col de Balme, depuis le village du Tour.
Charbonnière, la C., chalet au bas du Platet, revers septentrional de la chaîne des Fyz.
Charmoz, aiguille de la chaîne du Mont-Blanc, devant Chamounix.
Châtelets, les C.. localité, partie de la route de Chamounix à Argentière, au-dessus des Tynes.
Chaudron, maison au-dessus de Chamounix.
Chavans, les Ch., maisons à l'entrée de la vallée de Chamounix.
Chède, lac de C., entre Chède et Servoz, au bord de la route. Ce lac a été comblé par un éboulement.
Chétif, mont C. au-dessus de Courmayeur.
Cormet, col du C., chaîne des Aiguilles-Rouges, au-dessus de Plampraz, entre la vallée de la Diozaz et celle de Chamounix.
Cornu, lac C. au revers septentrional du Brévent.
Cougnon, le C., localité à la base de la montagne de Blaitière, chaîne du Mont-Blanc.
Coupeau, hameau disséminé à l'extrémité occidentale de la chaîne des Aiguilles-Rouges, sur le flanc des monts.
Courmayeur, village, revers méridional de la chaîne du Mont-Blanc, vallée d'Entreves.
Couvercle, le C., rochers et pâturages, entre la Mer-de-Glace et le Jardin.

Couverets, les C., pâturages près de Chamounix.
Croix-de-Fer, rochers près du col de Balme.

Diozaz, vallée de la D., entre la chaîne des Aiguilles-Rouges et celle des Fyz, parallèle à la vallée de Chamounix.
Dologne, village sous le mont Chétif, près de Courmayeur.

Eau-Noire, torrent, coule dans la vallée de Bérard, puis dans celle de Valorsine, et se jette dans le Trient, au pied de la montagne de Tête-Noire.
Egralets, les E., passage au bas du Couvercle.
Entre-les-Champs, chalets d'E., entre le village d'Argentière et la vallée de Valorsine.
Entre-les-Eaux, vallon au pied du Buet.
Essert, vallée d'E. entre le col de Ferret et Orsière. C'est la vallée de Ferret de la carte Chaix.
Essert ou *Isert*, village dans la vallée de ce nom

Ferret, vallée de F. entre le col de Ferret et Courmayeur.
Fayet, le F., village près de Sallanche.
Finhaut ou *Fino*, hameau dans le bassin du Trient, au pied de la montagne Bel-Oiseau.
Fyz ou Fiz, chaîne de montagnes au-dessus de Servoz, se prolonge par la chaîne d'Anterne et le Buet, jusqu'au col de Taneverge, en bordant le côté septentrional de la vallée de Sixt.
Flégère, la F., montagne sur le revers méridional de la chaîne des Aiguilles-Rouges.
Flégère, chalet sur la montagne du même nom.
Floria, combe de la F., vallon sur le revers septentrional des Aiguilles-Rouges.
Fouilly, nant de F., torrent près de Chamounix, descend du glacier de Blaitière.
Forclaz, le col de la F. dans le vallon de Trient, côté droit, vis-à-vis de Finhaut. Il y a, du reste, plusieurs cols de ce nom.
Follataire, montagne près de Martigny.
Frety, mont F. au-dessus de Courmayeur, revers méridional de la chaîne du Mont-Blanc.

Gaillends, les G., rochers près de Chamounix ; près de Fontaine-Ronde.
Galerie, la G., grotte près de Servoz.
Genevrier, col du G., sépare la vallée d'Entre-deux-Eaux et celle du Vieux-Emousson.
Grand-Bois, le G.-B., bois près de Chamounix, sous l'Aiguille du Midi.
Gras-du-Platet, marches taillées dans le roc, au Platet, chaîne des Fyz.
Gure, le pont de G. à Sainte-Marie au Fouilly.

Hortaz, pâturages et chalet près de Chamounix, près du glacier des Bois.
Houches, les H., village à l'entrée de la vallée de Chamounix.

Jardin, le J. de la Mer-de-Glace, pâturages au milieu du glacier de Talèfre.

Kaizet, le K., chalet, revers méridional du Brévent, en montant de Chamounix à Plampraz.

Lachat, mont L. au-dessus du pavillon de Bellevue, à la base de l'Aiguille du Goûté.
Lavachet, chalets, vallée de Ferret.
Leschaux, col de L., dans la vallée de la Diozaz, à la base du Buet.
Loriaz, passage de la Loriaz ou Crase du Praz-Torrent à l'extrémité orientale de la chaîne des Aiguilles-Rouges, entre les Aiguilles de la Loriaz.

Maglan, village, vallée de l'Arve.
Marignier, village près de Cluse.
Mayens (les), on nomme ainsi les chalets d'été, destinés à serrer le fourrage.
Melezes de la Valorsine (les), bois dans la Valorsine, près du passage des Montets ; ce bois est un peu marécageux.
Mer-de-Glace, glacier et vallon, vallée de Chamounix.
Mery, Mont M. dans la chaîne du Vergy.
Mollard, la M., village près de Chamounix.
Montagne-de-Fer, montagne qui forme l'extrémité ouest du massif du Brévent, dans la chaîne des Aiguilles-Rouges.
Montanvert, montagne au-dessus de la Mer-de-Glace, près de Chamounix.
Montées, les M., sur la grande route entre Servoz et Chamounix.
Montets, les M., sur la grande route entre Argentière et Valorsine.
Monthieu, torrent près de Servoz.
Mont-Joie, vallée à l'ouest de la chaîne du Mont-Blanc.

Nants, les N., hameau entre les prés et Chamounix.
Nant-Bourant, chalets au milieu de pâturages ; au-dessus de Notre-Dame de la Gorge.
Nant-Noir, torrent à Servoz.
Nant-Profond, torrent près des Bossons, longeant le glacier.
Notre-Dame de la Gorge, chapelle au val Mont-Joie, région supérieure, près du cours d'eau.

Ognant, chalets de l'O. sous l'Aiguille-Verte.

Parsaz, la P., montagne et chalet, au revers méridional des Aiguilles-Rouges.
Pélissier, le pont P., pont sur l'Arve, près de Servoz.
Pendant, chalets de la P. sous l'Aiguille-Verte.
Pierre à Lorbé, bloc isolé à la Parsaz.
Places, les Grandes-Places, clairières, au Bouchet de Chamounix.
Planaz, chalet et tourbière, sur le chemin de Chamounix au Montanvert.
Plampraz, chalets sur le Brévent, revers méridional.
Plants, les P., village près de Chamounix.
Platet ou Platé, chalets et plateau sur la chaîne des Fyz.
Ponchy, village à la base de la montagne de Brezon, près de Bonneville.
Pont d'Œl, pont de pierre dans la vallée d'Aoste.

Pontets, les P., village dans la vallée de Trient.
Pormenaz, montagne dans la vallée de la Diozaz.
Poya ou *Poïa*, la Poya, hameau et localité à l'entrée de la vallée de Valorsine. — Renferme la cascade de Bérard.
Pozettes, les P., chaînon de montagnes au nord du village de Tour, dans la vallée de Chamounix.
Praz-Torrent, localité, chaîne des Aiguilles-Rouges, entre les aiguilles de la Loriaz.
Proz, chalet de P., vallée de Ferret.

Rageat, chalet de la R. près du col du Bonhomme.
Reposoir, vallée s'ouvrant sur l'Arve, à Scionzier, près de Cluse.

Saint-Branchier, village sur la Dranse de Martigny.
Sainte-Marie, localité près du village des Houches, à l'entrée de la vallée de Chamounix, renferme le hameau de Fouilly.
Sainte-Marie, mines dans la localité du même nom.
Salenton, col de S. près du Buet, région supérieure de la vallée de la Diozaz.
Sales, montagne de S. et chalets dans la chaîne des Fyz.
Salvent, hameau et col dans la vallée (non le vallon) de Trient, près de Martigny.
Saxe, bains de la S. près de Courmayeur.
Solaison, chalets sur le massif de Brezon. — Glacière près des chalets.

Tynes, les T., hameau près de Chamounix et du glacier des Bois.
Tartyflyres, les T., bois de sapins et pâturages sur le revers méridional des Aiguilles-Rouges.
Tours les T., château près de Bonneville.

Valorsine, vallée et village entre la Poïa et Barberine.
Valsavaranche, vallon près de Courmayeur.
Vaudagne, chalets entre Servoz et les Houches. — Lac sous Vaudagne.
Vautier, mont V. près de Servoz.
Venis, les prés de Venis dans l'Allée-Blanche, localité connue aussi sous le nom de val Venis.
Vieux-Emousson, vallon près du Buet, revers méridional de la chaîne.
Villeneuve, bourg dans la vallée d'Aoste.
Vougy, village et bois entre Bonneville et Cluses.
Vozaz ou *Vouzaz*, col de V., entre le village des Houches et le hameau de Bionassay, entre le mont Lachat et le Prarion.

FAMILLE DES FOUGÈRES

I. Tribu des OPHIOGLOSSÉES

1. OPHIOGLOSSUM Tournef., Linn.

VULGATUM Linn., DC., Koch.

Habitat. Vallée de Chamounix.

Station. Les pâturages incultes et humides.

Localités. Au-dessus du hameau des Nants, au bas de la forêt, au bord d'un petit conduit d'eau, à 1060 m., exposée au levant, la moyenne de son développement varie entre 10 et 15 c.

Température approximative des rhizômes, d'après celle des eaux qui environnent la plante, 14° à 15° c.

Terrain. Alluvion de cristallisation.

Noms vulgaires. Langue de serpent, herbe sans couture. En patois chamoniard, leinva de sarpouënt.

Propriétés médicinales. Vulnéraire estimé.

Fructifie en juillet.

2. BOTRYCHIUM Sw.

LUNARIA Sw. Syn. fil.—DC., Fl. fr., Röp. Fl.—Koch, Syn.

Habitat. Vallées de Chamounix, de Trient, de Bionnassay et de la Mer-de-Glace.

Station. Pâturages secs et découverts.

Localités. Aux Gaillends, entre le Bois-Print et la Source-Ronde, à 1052 m., le minima de sa taille est de 5 c., le maxima de 14 à 15. Autour du pavillon de Bellevue, du côté du couchant, à une altitude de 1810 m., le minima de sa taille est de 15 c., le maxima de 20 c. Au mont Lachat, toujours au couchant, à 2146 m., min. de sa taille 12 c., max. 15 c. A la Croix-de-Fer, près du col de Balme, à 2300 m., min. 10 c., max. 12 c. Au col de la Forclaz ou de Trient, au couchant, sous le chemin qui conduit au col, à 1450 m., min. 15 c., max. 20 c. Au pied du Couvercle, au lieu dit les Egralets, au levant, à 2700 m. environ, et au sommet du vallon d'Entre-les-Eaux, sur le col du Genevrier, au côté oriental, à environ 2400 m., taille moyenne, 15 c.

Terrain. Fréquente indistinctement le calcaire jurassique et de cristallisation.

Nom vulgaire. Herbe à croissant. *Patois chamoniard*, déférra tzvaux.

Propriétés médicinales. Vulnéraire et astringente.

Fructifie en juin, juillet et août.

Variété de l'espèce précédente :

1 *bis.* BOTRYCHIUM *lunaria varietas ramosa*, Payot : incisa Mild. Monographia ophyogl.

Diffère du type précédent par ses rhizômes longs, assez gros et cylindriques ; le segment stérile de 10 c., à 9 lobes pennatilobés *incisés*, très-grands, arrondis, cunéiformes à la base ; le segment fertile long de 10 à 15 c., grappe de fructification disposée en panicule lâche ou très-serrée, longuement *rameuse*, les segments inférieurs quelquefois aussi longs que le segment stérile, et partant du même point, irrégulièrement disposés sur deux rangs. Lobes secondaires formant une panicule aussi grande que dans l'espèce-type, les sporocarpes volumineux, jaunâtres, et les spores assez volumineuses.

Habitat. Vallées de Chamounix et de Bionassay.

Station. Les pâturages incultes, secs et découverts, ou boisés et sablonneux.

Localités. A Hortaz, près Chamounix, exposé à l'occident, à 1060 m. d'altitude, min. de taille, 15 à 16 c., max. 25 à 26 c.

Terrain. Alluvion glaciaire de cristallisation. Au pied du Bois-rond, derrière le pavillon de Bellevue, au couchant, à 1650 m. environ, taille et sol comme pour la localité qui précède.

Nom vulgaire et patois et propriétés comme l'espèce-type.

Fructifie en juillet.

3. BOTRYCHIUM *Reuteri*, Payot; ambigua Reut. Herb. inédit.

Rhizômes peu nombreux, horizontaux, à frondes stériles tripartites, à segments de 10 c., longuement atténués en un pétiole ailé, à limbe pinnatifide de 1 à 2 c., formé de 3 à 5 lobes imbriqués ou *incisés-lobés*. Le segment fertile est composé d'une pannicule très-menue, de même longueur que le limbe. Cette pannicule porte 3 à 5 petites ramifications.

Habitat. Vallée de Chamounix.

Station. Pâturages herbeux, frais et découverts.

Localité. Au Couveret, près Chamounix, à 1058 m., min. de taille, 5 à 6 c., max. 10 à 12 c.

Terrain. Alluvion glaciaire de cristallisation.

Température des rhizômes d'après celle des eaux qui environnent la plante, 18°.

Nom vulgaire et *patois*, ainsi que les propriétés, comme les autres espèces du genre.

Fructifie en juillet.

4. BOTRYCHIUM *rutæfolium*, A. Braun; Koch, Syn., 2me édit.

Rhizômes à fibres réunies en faisceau très-gros, jaunâtres, cylindriques; 2 frondes stériles palmées, triangulaires, tripartites. Le segment fertile est composé d'une très-petite grappe de fructification, disposee en pannicule rameuse et comme triangulaire.

Habitat. Vallée de Chamounix.

Station. Les pâturages secs et frais, boisés d'aulnes.

Localités. Hortaz, le long du Bouchet, à une distance de quelques mètres avant d'arriver vers la pyramide. Dans ce lieu, au pied du versant septentrional, à 1060 m., le minima de sa taille est de 1 c., le maxima de 8 à 10.

Terrain. Alluvion glaciaire de cristallisation.

Fructifie en août.

Observation. C'est en 1846 que je fis la découverte de cette plante rare. J'en cueillis un très-petit nombre d'exemplaires afin de ne pas nuire à sa propagation; mais quel fut mon étonnement quand je m'aperçus, à la saison suivante, qu'elle avait été détruite, sans doute involontairement. J'éprouve le plus vif regret de sa disparition, et je la cherche avec la plus scrupuleuse attention dans des lieux analogues, mais jusqu'ici je n'ai pas été assez heureux pour la retrouver ailleurs.

II. Tribu des POLYPODIÉES.

5. CETERACH Willdenow.

OFFICINARUM Ch. Bauh. — DC., Fl. fr. — Fée, Gen. fil.

ASPLENIUM CETERACH. Linn., Scolopendrium ceterach. Smith.

GRAMMITIS CETERACH. Sw. Syn. fil. — Koch. Syn.

GYMNOGRAMME CETERACH. Sprengel.

NOTOLÆPEUM CETERACH. Newm. Phyt. brit. ferns.

Habitat. Vallée moyenne de l'Arve, et supérieure de la Doire.

Station. Rochers, et les murs secs, découverts.

Localités. A Marignier, au-dessus de l'église, au pied du versant septentrional, à 446 m., moyenne de sa taille, 8 à 10 c. Dans un terrain crétacé, au mont Folataire, près Martigny, au levant, à 484 m., les échantillons offrent les mêmes dimensions que ceux de la localité ci-dessus.

Sa *limite verticale* supérieure ne dépasse qu'accidentellement 500 m., au max. 600.

Nom vulgaire. Herbe dorée, doradille d'Espagne.

Propriétés médicinales. On l'emploie comme les vrais capillaires, à titre d'astringent.

Fructifie en mai et octobre.

6. POLYPODIUM Linn. Ch. Bauh.

VULGARE Bauh. Sw. DC., Fl. fr.

CTENOPTERIS *vulgaris* New. brit. ferns.

Habitat. Toutes les vallées comprises dans les limites de ce catalogue.

Station. Les rochers boisés, ombragés et frais.

Localité. Sainte-Marie-au-Fouilly, sous les Chavans-Bocher, exposée au nord, à 900 m., min. de sa taille, 40 c., max. 50 c. Terrain feldspathique.

Elle se trouve généralement dans toutes les vallées ombragées.

Limite verticale. La limite supérieure ne dépasse que très-rarement 1200 à 1500 m.

Nom vulgaire. Réglisse de roche; *patois chamoniard*, la corbettaz.

Emploi médical. Les rhizômes sont recherchés de nos montagnards contre les rhumes, toux, etc., etc.

Maturation. De mai à septembre.

2

7. POLYPODIUM *phægopteris* Linn. Sw. Syn. fil. — DC., Fl. fr.

PHÆGOPTERIS Presl. — Röp. — Koch, Syn.

PHÆGOPTERIS *vulgaris* Mett. fil.

GYMNOCARPIUM PHÆGOPTERIS Newm. Phyt. brit. ferns.

Habitat. Toutes les vallées comprises dans le rayon de ce guide.

Station. Les lieux rocailleux, boisés, très-ombragés ou découverts.

Localités. Hortaz, au pied du versant septentrional, à 1060 m., le min. de taille est de 45 c., le max. de 55 à 60 c. A Servoz, au Bouchet, pied du versant occidental, à 840 m., min. de la taille des échantillons recueillis, 40 à 50 c.; terrain feldspathique cristallin. Sous le Platay, au levant, à 1100 m., min. 25 c., max. 40 à 50 c., dans le terrain crétacé et néocomien. Aux côtes de Vozaz, versant occidental, à 1500 m., min. de taille 30 à 40 c., max. 50 c. dans le calcaire liasique.

Cette espèce est plus fréquente dans les vallées du versant septentrional de la chaine que dans celles du versant méridional.

Limite verticale inférieure. 500 m., max. de la supérieure, 1500 à 1600 m.

Nom vulgaire. Fougerolle. *Patois chamoniard*, Fiœutze.

Maturation. Juillet, août.

8. POLYPODIUM *dryopteris* Linn. — Hoff. Crypt. Germ. — Sw. Syn. — DC.

PHÆGOPTERIS Presl. — Röp. — Koch, Syn.

PHÆGOPTERIS *dryopteris* Fée, Gen. fil. — Mett. fil.

GYMNOCARPIUM *dryopteris* Newm. brit. ferns.

Habitat. Vallées de Chamounix, de Mont-Joie et de Valorsine.

Station. Rocailles découvertes et rochers ombragés.

Localités. A Hortaz, pied du versant septentrional sous la Pyramide, à 1060 m., min. de taille 30 à 40 c., max. 50 c. Environs de Courmayeur, au pied de la Saxe, exposition méridionale, à 1216 m., min. de taille, 35 à 40 c., max. 50 c.

Limite verticale. Max. 1200 à 1500 m.

Cette espèce est beaucoup plus fréquente au versant septentrional.

Nom vulgaire et *patois de Chamounix*. Comme les précédentes espèces du genre.

Fructifie en juillet et août.

9. POLYPODIUM *calcareum* Smith., Fl. brit. — Sw. fil., DC., Fl. fr.

PHÆGOPTERIS Presl. Röp., Fl. Meckl.

PHÆGOPTERIS *calcarea* Fée, Gen. fil. — Mett. fil.

GYMNOCARPIUM ROBERTIANUM Newm. Phyt. brit. ferns.

Habitat. Vallées de Chamounix, de Servoz et de Ferret.

Station. Débris de rochers, découverts ou boisés.

Localités. Aux côtes de Vozaz, sur les flancs du versant occidental, à 1600 m., min. de la taille des échantillons recueillis, 30 c., max. 40 à 50 c.; le sol est du calcaire liasique. Sous le Platay au-dessus des chalets de la Charbonière, versant méridional, de 1200 à 1400 m. environ, min. de taille, 25 c., max. 35 c. dans le calcaire cretacé. Sur toute la base de la chaîne des Fyz, à 1200 m. environ, à Courmayeur, au bas du mont Chétif, à la base de la Saxe et du mont Frety, sur le versant méridional de la chaine, à 1250 m. environ, le min. de taille est de 25 c., le max. de 35 c.

Cette plante se trouve fréquemment dans toutes les vallées comprises dans les limites de ce guide, mais exclusivement sur le calcaire des diverses formations.

Limite verticale inférieure, 450 m., limite supérieure 1800 à 2000 m.

Nom vulgaire et patois chamoniard. Comme les autres espèces du genre.

Maturation. De juin à septembre.

10. POLYPODIUM *alpestre* Hoppe. — Koch, Syn.

POLYPODIUM RHÆTICUM Roth. DC., Fl. fr.

ASPIDIUM RHÆTICUM Sw. Syn. fil.

PSEUDATHYRIUM ALPESTRIS Newm. — Phyto. brit. ferns.

PHÆGOPTERIS ALPESTRIS Mett. fil.

Habitat. Vallées de Chamounix et de Mont-Joie.

Station. Dans les bois rocailleux et les pâturages entremêlés de sapins.

Localités. En montant au Brévent, sous les chalets de Plampraz (Reuter), sur le flanc méridional des Aiguilles-Rouges, à une altitude de 1600 m., min. de taille 40 à 50 c., max. 60 à 70 c. dans le terrain de cristallisation. Au Grand-Bois, près Chamounix, pied du versant septentrional, à 1060 m., min. 20 à 40 c. et max. 60 c. dans le terrain azoïque ou schiste cristallin. Au nord des Aiguilles-Rouges, derrière le Brévent, il est abondant et remarquablement développé.

On se croirait sous les tropiques à la vue de la riche et vigoureuse végétation qu'offrent les pentes des deux versants de ce vallon sauvage, qui domine la Diozaz. Le Polypodium alpestre y forme, sur une assez vaste étendue, de larges touffes, presque impénétrables, qui ont quelquefois jusqu'à 1 m. et demi de largeur. La plante est ici dans le terrain cristallin granitique, à une altitude de 1770 m. environ.

Cette espèce se distingue facilement de l'A. filix fœmina par son port plus effilé. La fronde stérile offre des pinnules secondaires à peine décurrentes à la base; l'aile est très-étroite, à peine plus large que la côte ou que les dents des lobules, ceux-ci plus obtus et les nervures moins visibles.

Les sores ou groupes de capsules sont arrondis, toujours nus et dépourvus de tégument ou indusium. Les deux espèces croissent ensemble, en grande abondance, à Contamines, sur le Bonnant, près Notre-Dame de la Gorge (J. Müller). Dans l'Allée-Blanche, près du lac Combal, 1600 m. environ.

Limite verticale inférieure, 1000 m., limite supérieure, 2000 m.

Il croît plus spécialement dans le terrain de cristallisation.

Pour le *nom vulgaire* et patois, et les propriétés médicinales, voyez ci-après l'Athyrum.

Fructifie en juillet - septembre.

11. WOODSIA R. Brown.

HYPERBOREA R. Brown. Koch. Syn. — Fée, Gen. fil.

POLYPODIUM HYPERBOREUM Sw. Syn. fil. DC., Fl. fr.

CETERACH ALPINUM DC., Fl. fr. C. hyperboreum Clairv.

WOODSIA ALPINA Newm. brit. ferms.

Habitat. Vallées de Chamounix, de la Diozaz et de Servoz.

Station. Fentes des rochers, ou débris de rochers boisés ou découverts, parmi la mousse.

Localités. Au Bouchet de Servoz, pied du versant oriental, le long d'un petit torrent, près la Galerie, à 840 m., min. de taille, 3 c., max. 15 c. Elle est ici dans le terrain feldspathique de cristallisation. Immédiatement avant de traverser le pont de Pellissier, sur la droite et sur la gauche de la route à quelques minutes de distance de la localité qui précède, l'altitude, la nature du sol et la taille de la plante comme ci-dessus. A la droite de l'Arve, depuis le pont de Gures jusqu'à celui de Pellissier, au lieu dit la descente par Bocher, au pied des rochers qui regardent le midi, à 900 m., min. de taille 3 c., max. 10 à 12 c.; même terrain. Aux Gaillands, rochers qui dominent la Fontaine Ronde, sur la grande route, à dix minutes de Chamounix, à la base du versant méridional de la chaîne du Brévent, à

1040 m., min. de taille 10 c., max. 15 c., elle se trouve ici dans un terrain azoïque de schiste cristallin. En allant depuis la Flégère au lac Cornu, même versant, 2200 m., min. de taille, 2 c., max. 3 c. et demi à 4 c. Sur les rochers entre la Crase de Bérard et le col de Salenton, près le Buet, versant oriental, à 2400 m., min. de taille 2 c., max. 3 à 5 c. Nant Profond, près le glacier des Bossons, base du versant septentrional de la chaîne du Mont-Blanc, à 1150 m. environ, min. de taille, 5 c., max. 10 c. Sur les rochers qui séparent la combe de la Floriaz de celle de la Barmaz, au nord de la chaîne des Aiguilles-Rouges, à environ 1800 m., min. de taille, 5 c., max. 10 c., exclusivement sur le terrain cristallin des diverses formations.

Limite verticale inférieure 840 m., supérieure 2400 m.

Température des rhizômes, d'après celle des eaux qui sourdent autour, à la localité de Bocher, 8° à 10° cent. Là, elle se trouve souvent enveloppée du tortula Tortuosa.

Fructifie en juillet, septembre.

12. ASPIDIUM Sw.

FILIX MAS Sw. Syn. fil. — Fée, Gen. fil.

POLYPODIUM FILIX MAS Linn.

POLYSTICHUM FILIX MAS Roth, Germ. DC., Fl. fr. — Koch, Syn.

NEPHRODIUM Stremp. fil. Röp. Fl. Meckl.

LASTREA Presl.— DRYOPTERIS FILIX MAS Schott, Newm.

Habitat. Toutes les vallées comprises dans les limites de ce guide.

Station. Endroits rocailleux, pâturages pierreux, secs, ombragés ou découverts.

Localités. Très-commune dans toutes les vallées du versant septentrional de la chaîne du Mont-Blanc, moins abondante dans les vallées du versant méridional. Environs de Chamounix, sans distinction d'exposition, à 1052 m., min.

de taille, 30 c., max. 100 à 120 c. A Ste-Marie-au-Fouilly, dans le terrain azoïque et les alluvions de tous les âges.

Limite verticale. Supérieure 1500 m. à 1600 m., ne dépassant que très-rarement 1900 m. à 2000 m. Indifférente à toutes les expositions.

Nom vulgaire. Grande fougère mâle.

Patois chamoniard. Groussa fiautzhe mala.

Propriétés médicinales. Sa racine est un puissant anthelmentique. Elle est employée contre le tenia et dans le rachitisme des enfants; elle donne plusieurs remèdes utiles dans les maladies de la poitrine et passe pour apéritive, incisive, tempérante et béchique.

Fructifie en juillet, août.

12 *bis* ASPIDIUM *spinulosum* Sw. Syn. fil. — Fée, Gen. fil. Mett.

ASPIDIUM DILATATUM Nesl. et Mong. — Desmaz.

POLYSTICHUM DILATATUM DC., Fl. fr.

LASTREA DILATATUM Presl. pterid.

NOPHRODIUM SPINULOSUM Stremp. fil. — Röp., Fl. Meckl.

ASPIDIUM SPINULOSUM Döll. Rh. Fl.

POLYSTICHUM SPINULOSUM Koch, Syn.

Habitat. Toutes les vallées du versant septentrional du Mont-Blanc.

Station. Lieux rocailleux au bord des forêts et des bois de sapins.

Localités. A Ste-Marie-sous-le-Fouilly, près des mines au bord d'Arve, à l'occident de la vallée, à 900 m., min. 60 à 70 c., max. 100 à 110 c. Dans le terrain feldspathique cristallin.

Là elle se trouve dans un état remarquable de développement. Le vallon de Ste-Marie est une station privilégiée pour les fougères. Resserré entre des rochers boisés de noirs sapins, ne laissant qu'à peine le passage à la rivière, celle-ci écume dans la rapidité de son cours, évaporant une partie de ses eaux sur des bas-fonds. Ainsi se forme un arrosoir naturel qui force le développement de cette luxuriante végétation.

En montant de Notre-Dame-de-la Gorge à Nant-Bourant, à l'occident du val Mont-Joie, à 1200 m., minim. de taille 40 c., max. 100 c.; terrain azoïque ou schiste cristallin. Dans toute la vallée de la Tête-Noire de Trient, à 1200 m. dans le terrain métamorphique du lias et l'azoïque cristallin. De Valorsine aux Montets, sur le flanc oriental, à 1670 m., min. de taille 20 c., max. 40 c. Montagne du Fer sur Coupeau, au versant occidendal, à 1480 m., min. de taille 40 c., max. 80 c. à 1 m. En allant au Montanvert, sur le flanc septentrional de la chaîne du Mont-Blanc, à 1600 m. environ, min. de taille 25 c., max. 40 c.

Au pavillon de Bellevue, au-dessus du torrent des côtes de Vozaz, 1700 m. environ, min. 30 c. max. 40c.; dans un terrain calcaire liasique. A Hortaz, près Chamounix, au pied du versant septentrional de la chaine, à 1060 m., min. de taille 30 c., max. 40 à 50 c.; le terrain est une alluvion glaciaire de cristallisation. A Courmayeur, au-dessus de la chapelle de Berryer, vers la base du mont Chétif, sur son versant septentrional, à environ 1300 m., le min. de taille comme dans la dernière localité indiquée.

Limite verticale. Inférieure 800 m., max. de la supérieure, 2000 m.

Cette espèce est une des plus répandues dans le rayon de ce guide; elle fréquente indistinctement toutes les formations et tous les terrains.

Nom vulgaire. Polystic à petites pointes. *Patois chamoniard*, Fiœutz.

Propriétés médicinales. Employée contre les scrofules. Pour cela on remplit de sa poudre des paillasses sur lesquelles on fait coucher les malades.

Fructifie de juillet à septembre.

Variété de l'espèce précédente.

12 *ter*. ASPIDIUM *spinulosum* V. B. dilatatum

POLYSTICHUM TANACETIFOLIUM DC., Fl. fr. Duby, Gall.

POLYPODIUM TANACETIFOLIUM Hoff. Germ. — P. dilatatum Sw.

ASPIDIUM DILATATUM Wildenow.

Frondes plus larges, triangulaires, lobes des segments linéaires, distincts, les supérieurs confluents, dentelés vers le sommet, le tégument des fructifications peu apparent, ombiliqué sur le côté.

Habitat. Vallée du Trient et bassin de l'Eau-Noire.

Station. Entre les débris de rochers, à la lisière des bois.

Localités. Le long du Trient et de l'Eau-Noire, dans le thalweg de la vallée, à environ 1200 m., min. de taille 50 à 60 c., max. 80 c. à 1 m.; au-dessus de la cascade de Bérard, dans la même vallée, etc., etc., moins fréquente que son type aux localités indiquées.

14. ASPIDIUM *rigidum*. Sw. Syn. fil. Fée, Gen. fil. Mett. fil.

POLYPODIUM FRAGRANS Vill. Dauph.

POLYPODIUM RIGIDUM Hoff. Crypt. Germ.

POLYSTICHUM RIGIDUM DC., Fl. fr. Koch, Syn.

LASTREA RIGIDA Presl. pterid.

NEPHRODIUM RIGIDUM Röp., Fl. Meckl.

LOPHODIUM RIGIDUM Newm. Phyt. brit. ferns.

Habitat. Vallées du Chapiu et de Bonneval.

Station. Les pâturages rocailleux.

Localités. Au-dessus du Chapiu, près des chalets de la Rageat, en descendant le Bonhomme (Reuter), sur le flanc occidental à environ 1650 m., le min. de taille est 35 c., le max. 40 c.; calcaire liasique.

Fructifie en août.

15. ASPIDIUM *oreopteris* Sw. Syn. fil. — Mett. fil.

Polypodium fragrans Linn.

Polypodium oreopteris Ehrh.

Polystichum oreopteris DC., Fl. fr. — Koch, Syn.

Lastreas oreopteris Presl. pterid.

Phegopteris oreopteris Jec. Gen. fil.

Nephrodium oreopteris Röp., Fl. Meckl.

Homesteum montanum Newm. brit. ferns.

Habitat. Vallée de Chamounix.

Station. Les bois herbeux, ombragés, humides.

Localités. Au pied du Grand-Bois, près Chamounix, à la base du versant septentrional de la chaîne du Mont-Blanc, à 1070 m., le min. de la taille des échantillons recueillis est 40 c., le max. 60 à 80 c.; terrain cristallin azoïque. A Ste-Marie-sous-le-Fouilly, aux Houches, à l'entrée occidentale de la Vallée, à 900 m., min. de taille 40 c., max. 1 m., terrain cristallin feldspathique. Tête-Noire, à 1200 m., Trient, à 1300 m., St-Brancher, à 750 m. environ. Essert, à 1300 m., val Mont-Joie, à 1350 m. environ; elle se trouve dans presque tous les bois des vallées autour du Mont-Blanc, mais elle est beaucoup plus fréquente sur le versant septentrional.

Limite verticale. Inférieure 800 m., supérieure 1200 à 1500 m.

Nom vulgaire, nom patois chamoniard et *propriétés médicinales* comme le A. filix mas.

Fructifie en juillet, août.

16. ASPIDIUM *thelipteris* Sw. — Fée, Gen. fil.— Mett. fil.

Acrostichum thelypteris Linn.

Polystichum thelypteris Roth, Germ. DC., Fl. fr. — Koch, Syn.

Nephrodium Presl. pterid.

Thelypteris palustris Schott, Gen. fil.

Hemestheum thelypteris Newm. brit. ferns.

Habitat. Vallée moyenne de l'Arve.

Station. Les marécages boisés ou découverts et les tourbières.

Localités. Près de Bonneville, au pied du versant occidental du pic d'Andey, à 440 m., min. de taille 25 c., max. 50 à 60 c.

Limite verticale. Supérieure 446 m., max. 500 m.

Fructifie rarement.

17. ASPIDIUM *lonchitis* Sw. Syn. fil. — Koch, Syn. Mett. fil.

LONCHITIS ASPERA Ch. Bauh.; Aspera Mayor Mattriat.

POLYPODIUM LONCHITIS Linn.

POLYSTICHUM LONCHITIS Roth. Germ. — DC., Fl. fr. Presl. — Fée, Gen. fil. — Newm. brit. ferns.

Habitat. Vallées de Chamounix, de Ferret, etc., etc.

Station. Les pâturages rocailleux secs ou humides, boisés ou découverts.

Localités. Autour des pierres à gauche du torrent du Bymos. Au glacier du *Tour*, près du village, à l'extrémité orientale de la vallée, à 1450 m., le min. de taille est 35 c., le max. 55 c., dans une alluvion glaciaire de cristallisation. Entre les chalets de la Pendant et ceux de l'Ognant, sur le versant sept. à 2000 m., min. de taille 20 c., max. 30 c.; terrain cristallin. Au bas des escaliers du Platé, sur le versant méridional de la chaine des Fyz à 1600 m., min. de taille 30 c., max. 50 c. dans le terrain crétacé. Autour de Pierre à Bérard dans la vallée de ce nom à environ 1600 à 1700 m., min. de taille 15 c., max. 20 à 30 c. dans le terrain cristallin. Sous les chalets de Proz de Bard du côté oriental de la vallée, à environ 1700 à 1800 m., min. 30 c., max. 40 c., dans l'alluvion glaciaire. Sur les pentes du mont Chétif qui dominent les bains de la Saxe, à 1200 m., même taille que dans la dernière localité. Au-dessus de la chapelle de Berryer à

1300 m., min. de taille 30 c. max. 40 c. — Dans un bois d'aulnes aux côtes de Vozaz, en allant au pavillon de Bellevue, sur le flanc oriental du passage à 1819 m., min. de taille 40 c., max. 55 c. Echantillons remarquables par l'état de leur développement, par leur réunion avec l'A. aculeatum en touffes serrées et par leurs volumineuses souches. Terrain calcaire liasique sur le flanc du versant septentrional de la chaîne du Mont-Blanc, au pied du Grand-Bois, à 1060 m., min. de taille 30 c., max. 45 c. dans le terrain azoïque ou schiste cristallin. Sur le chemin du Montanvert, même versant et même terrain que la précédente localité, à 1900 m., min. de taille 25 c.

Limite verticale inférieure 1000 m., supérieure 2000 m.

Fructifie en juillet, août.

18. ASPIDIUM *aculeatum* Döll. Rh. Fl. — Koch, Syn.

POLYPODIUM ACULEATUM Linn.

POLYSTICHUM ACULEATUM Roth. — DC., Fl. fr. Duby, Newm.

Habitat. Bassin moyen de l'Arve.

Station. Les bois rocailleux, ombragés, humides.

Localités. Mont Vautier, sur Servoz, sur le flanc occidental de la montagne du Fer, à environ 850 à 900 m., min. de taille 40 c., max. 70 c. dans un terrain azoïque feldspathique. Au château des Tours, près Bonneville, sur la base du flanc méridional du Môle, à 450 m. (Dumont) Tête-Noire, à environ 1270 m., min. de taille 30 c., max. 40 à 50 c. dans le terrain anthraxifère, et à Ste-Marie.

Limite verticale supérieure 1200 à 1300 m. Cette espèce fréquente indistinctement toutes les formations. Elle habite plus spécialement le versant nord des vallées.

Nom vulgaire. Comme l'A. filix mas, à aiguillons.

Usage succédané de la dernière espèce.

Fructifie en juillet-septembre.

Première variété de l'espèce précédente.

18 *bis*. ASPIDIUM *aculeatum* a vulgare Döll. Rh. Fl. Koch.

ASPIDIUM LOBATUM Sw. fil. — Mett. Fl. Meckl.

ASPIDIUM PLUCKENETII Lois. Gall. Desmoz.

POLYSTISCHUM PLUCKENETII, DC., Fl. fr.—Duby, Billot.

Les dentelures sont insensiblement prolongées en dents spiniformes dures dont la terminale est beaucoup plus grande que les latérales des lobes inférieurs des segments, se prolongeant seuls en forme d'oreillettes. Fronde plus roide.

Habitat. Vallée de Chamounix et bassin de l'Eau-Noire.

Station. Les bois frais, ombragés, tapissés de mousse.

Localités. Ste-Marie-sous-le-Fouilly, aux Houches, à l'entrée de la vallée, à 900 mètres, le min. de taille 40 c., max. 80 à 90 c., dans le terrain feldspathique. Valorsine à 1230 m., min. 50 c., max. 60 c. — Pied du Bois-Magnin, versant oriental de la vallée du Trient à environ 1300 à 1400 m., min. de taille 50 c., max. 70 c.

Limite verticale supérieure 1200 à 1500 m. Préfère le terrain de cristallisation.

Fructifie en juillet-septembre.

Deuxième variété.

18 *ter*. ASPIDIUM *aculeatum* Sw. v. B. angulare Wildenow Schultz.

ASPIDIUM ACULEATUM Sw. Syn. fil.

Lobes des segments tous ou presque tous prolongés à la base en oreillette latérale.

Habitat. Vallées de Chamounix et de Servoz.

Station. Les bois ombragés humides.

Localités. A Ste-Marie-sous-le-Fouilly, à 900 m. Aux côtes de Vozaz, en allant au pavillon de Bellevue, à 1300 m. Voyez pour les autres détails les espèces qui précèdent.

Limite verticale supérieure 12 à 1300 m.

Se trouve dans le terrain calcaire et liasique moyen.

Fructifie en août-septembre.

19. CYSTOPTERIS Berh.

FRAGILIS Berh. — Röp., Fl. Meckl. — Newm. brit. ferns.

Habitat. Toutes les vallées comprises dans le rayon de ce guide.

Station. Les rochers ombragés qui suintent de l'eau.

Localités. Notre-Dame de la Gorge, au pied du Bonhomme, à 1200 m., min. de taille 20 c., max. 30 c. Dans le terrain azoïque cristallin. Servoz, à la base du flanc occidental de la montagne du Fer, min. de taille 10 c., max. 20 c. dans le terrain feldspathique. Au pied du glacier d'Argentière, à la base du versant septentrional, à 1230 m., min. des échantillons recueillis, 20 c., max. 30 c. Le sol est une alluvion glaciaire de cristallisation.

Limite verticale supérieure, 2000 m.

Fructifie en juin-août.

Variété α de l'espèce précédente.

19 *bis*. CYSTOPTERIS *fragilis* V. cc. lobulato dentata Koch, Syn. Godet Fl. du Jura.

ASPIDIUM DENTATUM Sw. Syn. fil.

CYSTOPTERIS DENTATA Hook.—Presl. pterid. Fée, Gen.

Lobes des segments brièvement ovales-dentés, lobulés et brièvement denticulés.

Habitat. Vallée de la Diozaz (fréquente).

Station. Les fentes de rochers herbeux.

Localités. Au bord du lac Cornu sur le flanc septentrional des Aiguilles-Rouges, à 2260 m., min. de taille, 2 c. et demi, max. 10 c., terrain cristallin.

Limite verticale inférieure, 1500 m., supérieure, 2000 m.

Fructifie en août-septembre.

Variété β.

19 *ter*. CYSTOPTERIS *fragilis* V. anthriscifolium.

Cyathea fragilis V. anthriscifolia Roth.

Aspidium fragile Sw. — DC., Fl. fr.

Cyathea fragilis Smith, brit.

Cystopteris fragilis Presl. pterid.—Fée, Gen. fil. Mett.

Cystopteris fragilis T. vulgaris Bernouilli.

Lobes ovales oblongs, lobules pennatiséqués, brièvement dentés.

Habitat. Vallées du versant septentrional de la chaîne du Mont-Blanc.

Station. Les rochers ombragés et sous les saillies des pierres.

Localités. Pentes de Pormenaz, au flanc méridional, à 1600 m., min. de taille 10 c., max. 20 à 30 c. Dans le terrain anthraxifère. Au Bouchet de Servoz, au pied de la montagne du Fer, sous les pentes de Mont-Vautier, qui regardent l'occident, à 800 m., le min. de taille des échantillons recueillis, 10 c., le max. 30 c. Chamounix, au pied du Grand-Bois, sur la base du versant septentrional, à 1060 m., min. de taille, 10 c., max. 20 c., terrain cristallin azoïque. Au Biolet, 1050 m., à la base du même versant, même port et même sol. Au passage de la Loriaz ou Crase du Praz-Torrent, sur le flanc oriental de la chaîne des Aiguilles-Rouges à 2200 m., min. de taille, 3 c., max. 4 à 5 c. Aux environs de Courmayeur, à la base du mont Chétif et du mont de la Saxe, sur les Bains, à 1270 m. environ dans le terrain cristallin liasique.

Limite verticale supérieure, 2200 m.

Usages. Les Chamoniards regardent les propriétés de ce genre comme étant celles des capillaires dont ils leur donnent le nom.

Fructifie en juillet-septembre.

Variété γ.

19 *quat.* CYSTOPTERIS *fragilis.* V. cynapifolia Roth.

CYSTOPTERIS FRAGILIS B. primatipartita Koch, Syn.

Lobes ovales-oblongs, lobules pennatiséqués, lobulés ovales, dentés et sub-retus au sommet.

Habitat. Chaîne des Aiguilles-Rouges, le versant septentrional.

Station. Fentes des rochers herbeux.

Localités. Au bord du lac Cornu, à 2200 m. et de celui du Brévent (de la Diozaz), à 1600 m.

Limite verticale supérieure, 2200 m., dans le terrain de cristallisation feldspathique.

Fructifie en août-septembre.

20. CYSTOPTERIS *regia* Presl. pterid. Fée, Gen. fil. Mett. fil.

POLYPODIUM REGIUM Linn, Polypodium pedicularifolium Hoffm.

ASPIDIUM REGIUM Sw. Gen. fil. DC., Fl. fr.

CYATHEA REGIA Roth.

Habitat. Vallées de Chamounix, de la Mer-de-Glace, de Trient.

Station. Fentes de rochers suintant de l'eau. Saillies des rocs.

Localités. Au-dessus des chalets de la Flégère, sur le flanc des Aiguilles-Rouges, aux deux versants de ce mont, à 2200 m., le min. de taille, 10 c., le max., 20 c., dans le terrain cristallin. Au bord du lac du Brévent, à environ 1850 à 1900 m., min. et max. de taille et sol, mêmes que précédemment. Sur le faîte, entre l'aiguille Pourrie et le col du Cormet, plante identique par sa taille et son sol aux espèces des localités ci-dessus. Jardin de la Mer-de-Glace, sur le versant qui regarde l'occident de cette vallée, à une altitude de 2750 m., min. 4 c., max. 8 c., au centre du massif de cristallisation.

Sur les chalets de la Barmaz, sous les glaciers de ce nom, encore au septentrion des Aiguilles-Rouges, à 2270 m., min. de la taille des échantillons recueillis, 30 c., max. 10 c., terrain de cristallisation. Au bord du lac Cornu, à 2260 m. Les échantillons qui se rapprochent le plus de la ligne de faîte des Aiguilles-Rouges ont à peine 4 à 5 c. de taille min. et 8 à 10 c. au max. du développement. Cette espèce est indifféremment aux expositions du midi ou du nord de la chaîne. Environs de Chamounix, 1060 m., de Servoz, 850 m.

Limite verticale inférieure 800 m., supérieure 2800 m.

Elle se rencontre presque exclusivement dans le terrain de cristallisation, du moins dans les limites de ma flore.

Fructifie en août-septembre.

Variété de l'espèce précédente.

VIII. CYSTOPTERIS *regia*. V. *a*, fumariaformis Koch, Syn.

Habitat. Vallées de Chamounix, de Trient et de Servoz.

Station. Les rochers très-ombragés et humides formant des saillies.

Localités. Au Cougnon, en face de Chamounix, au pied du versant septentrional du Mont-Blanc, à 1060 m., min. de taille, 20 c., max. 30 à 40 c., dans le terrain azoïque ou schiste cristallin. Bouchet de Servoz, au pied du flanc occidental de la montagne du Fer, à 800 m., min. de taille, 30 c., max. 40 c. Aux Montées et à Vaudagne, près de cette dernière localité, où la plante croît dans la même exposition et dans le même terrain. Au Bois-Maguin, sur le versant de la vallée qui regarde l'orient, à environ 13 à 1400 m., min. de taille, 25 c., max. 30 c. Environs de Courmayeur, à la base du mont de la Saxe, à 1250 m., min. de taille, 20 c., max. 25 c., dans le terrain liasique ou azoïque schiste cristallin. Combe de la Floriaz, derrière les Aiguilles-Rouges, sur le versant septentrional, à 1850 et 2000 m., min. de taille 20 c., max. 30 c.

Limite verticale inférieure 800 m., supérieure 2000 m., dans le cristallin azoïque, et le calcaire liasique.

Température des rhizômes d'après celle des eaux qui sourdent dans le voisinage : à Ste-Marie et au Bouchet de Servoz, de 8 à 10° centig.

Fructifie en juin-juillet.

21. CYSTOPTERIS *alpina* Link. — Presl. tent. pterid.

POLYPODIUM ALPINUM Wolf in Jacq.

CYATHEA ALPINA Roth.

ASPIDIUM ALPINUM Sw. Syn. fil. DC., Fl. fr.

CYSTOPTERIS REGIA. V. *b*, alpina Koch, Syn.

Habitat. Entre les bassins de Servoz, du Giffre et de Barberine.

Station. Les profondes crevasses des rochers, ombragées et fraîches.

Localités. Chaîne des Fyz, montagnes de Sâles et du Platé, sur le plateau, à 2500 m., min. de taille 2 à 3 c., max. 10 à 12 c., dans le terrain crétacé et nummulitique. Sur la ligne de faîte entre le col d'Anterne et celui de Leschaux, et autour de cette ligne, principalement sur le versant septentrional, à 2230 m., min. de taille, 6 à 8 c., max. 10 à 12 c. dans le calcaire oxfordien. Près des chalets de Barberine, vallon du vieux Émousson, et Entre-les-eaux, sur les deux versants oriental et occidental du col du Genevrier, à environ 2300 m., min. de taille 10 à 12 c., max. 25 à 30 c., dans le terrain liasique. Sur les rochers qui séparent la combe de la Floriaz, de celle de la Barmaz, sur le flanc septentrional des Aiguilles-Rouges, à environ 2200 m., min. de taille, 10 à 12 c., max. 30 à 35 c., terrain cristallin primitif.

La plante diffère un peu dans son développement et dans son port, dans le calcaire et les roches cristallins : les échantillons des rochers cristallins ont, entre autres, les lobes de la troisième pinnule beaucoup plus profonds.

Limite verticale inférieure 2000 m., supérieure, 2500 à 2700 m.

Cette espèce se rencontre presque exclusivement dans les diverses formations calcaires, et accidentellement dans les terrains de cristallisation.

Fructifie en août-septembre.

22. CYSTOPTERIS *montana* Bernh. — Presl. tent. pterid. — Koch, Fée.

POLYPODIUM MYRRHIDIFOLIUM Vill. Dauph.

CYATHEA MONTANA Roth.

ASPIDIUM MONTANUM Sw. Syn. fil. DC., Fl. fr.

CYSTOPTERIS MYRRHIDIFOLIUM Newm. brit. ferns.

Habitat. Vallée du Grand-Bornard.

Station. Les profondes crevasses des rochers ou parmi leurs débris humides.

Localités. Chaîne du Reposoir, au Brezon, à environ 1750 m. Au Mont-Mery, 1755 m., min. de taille 10 c., max. 15 à 20 c. (Dumont). Près la glacière de Solaison (Reuter), 1276 m.

Observation. L'immortel Haller indique, bien certainement par erreur, cette plante à Valorsine. Mes recherches ne me laissent aucun doute à cet égard, d'autant que c'est une plante spéciale aux formations sédimentaires, tandis que tout ce massif appartient au terrain de cristallisation.

Limite verticale supérieure, 1800 m.

Cette espèce croît exclusivement sur le calcaire crétacé ou jurassique.

Fructifie en août-septembre.

23. ATHYRIUM Roth.

Filix fœmina Roth. — DC., Fl. fr. — Presl. — Röp. Fl. Meckl. — Fée.

Asplenium filix fœmina Bernh. Koch, Syn.

Polypodium filix fœmina Linn.

Aspidium filix fœmina Sw.

Cystopteris felix fœmina Coss. et Germ.

Habitat. Très-commune dans toutes les localités comprises dans le rayon de ce guide.

Station. Les bois de sapins et les pâturages rocailleux.

Localités. Au-dessus du Grand-Bois, à Chamounix, min. de taille 20 c., max. 30 à 40 c. A Ste-Marie-au-Fouilly, min. de taille 60 à 70 c., max. 1 m. Aux Chauderons, à Valorsine, à Trient, à Entremont et aux environs de Courmayeur.

Limite verticale. S'élève jusqu'à 2,000 m.

Cette espèce fréquente indistinctement toutes les formations et toutes les expositions, mais plus particulièrement le nord des vallées.

Noms vulgaires. Fougère femelle, petite fougère femelle.

Patois chamoniard. Fiœudze.

Propriétés médicinales. Sert comme succédané de l'A. filix mas.

Fructifie de juin à septembre.

24. ASPLENIUM Linn.

Septentrionale Sw. Syn. fil. — DC., Fl. fr. — Presl. pterid. Röp. Fl. Meckl. Koch, Syn. Mett. Fl.

Acrostichum septentrionale Linn.

Acropteris septentrionale Link. fil. — Fée, Gen. fil.

Amesium septentrionale Newm. brit. ferns.

Habitat. Vallées de Chamounix, Valorsine et Tête-Noire.

Station. Les rochers, les pierres couvertes de mousse et les vieux murs.

Localités. Les Rochers au Bouchet de Servoz et à Bocher, base du versant occidental du Coupeau et de la montagne du Fer, à 850 et 900 m., min. de taille 12 c., max. 15 c., dans le terrain feldspathique cristallin. Ste-Marie-au-Fouilly, à 900 m., localité déjà souvent indiquée, min. de taille 5 à 6 c., max. 8 à 10 c. Aux Gaillands, à 1040 m., aux Chauderons, à 1060 m., haut du bourg de Chamounix côté nord, les murs qui bordent la grande route d'Argentière, en face la scierie; sous les Plants et sous les Nants, le long de la route entre ces deux hameaux, à 1052 m., min. de taille 5 c., max. 12 à 15 c., et depuis les Thynes à Valorsine, sur les murs qui bordent la route. Au val Mont-Joie et aux environs de Courmayeur, où elle est moins fréquente que dans les vallées du versant septentrional.

Cette espèce est une des plus répandues du genre.

Limite verticale supérieure 15 à 1600 mètres.

Vit dans l'alluvion de cristallisation, indifférente aux expositions diverses; toutefois elle se rencontre le plus souvent sur le versant méridional des vallées.

Usage. Employée comme succédané du capillaire dans la fabrication du sirop.

Fructifie en août-septembre.

25. ASPLENIUM *Germanium* Weiss. pl. Crypt. — DC., Fl. fr. — Prin. Röp. Fl. Meckl. — Fée, Gen. fil.

Asplenium alternifolium Wolf.

Asplenium Bregnii Rethz.

Tarachia germanica Presl. tent. pterid.

Amesium germanicum Newm. Phyt. brit. ferns.

Habitat. Vallées de Chamounix, de la Diozaz et de Servoz.

Station. Les fentes des rochers et les murs.

Localités. Au Bouchet de Servoz et à Bocher, rive droite

de l'Arve, depuis Ste-Marie au pont Pellissier. Sur la base de la montagne du Fer et à Coupeau, entre 850 à 900 m., min. de taille, 1 à 2 c., max. 8 à 10 c. Aux Ayers sur Servoz, au-dessus des chalets de la Charbonnière, sous le Platai; sur le flanc méridional de la chaîne des Fyz, à environ 13 à 1400 m., min. de taille, 3 c., max. 5 c. Pentes méridionales de Pormenaz, sur la Diozaz, dans le terrain crétacé, et au-dessus des chalets de Pormenaz, allant vers ceux du Planoz sur la montagne de ce nom, à environ 2200 m., le min. de taille 2 cent., le maxim. 3 à 4 c., terrain anthraxifère. Au mont Lachat, du côté qui regarde l'occident, à environ 16 à 1800 m., min. de taille 1 à 2 c., max. 2 à 4 c., dans un terrain liasique moyen.

Limite verticale inférieure 800 m., supérieure 2200 m.

Cette espèce paraît indifférente aux formations sédimentaires ou cristallines.

Nom vulgaire. Rue. *Patois chamoniard*, petit capillaire.

Propriétés médicinales. Regardée comme apéritive et très-pectorale.

Fructifie en juillet-septembre.

26. ASPLENIUM *rutamuraria* Linn. Sw. Syn. fil. — DC., Fl. fr. — Presl. tent. pterid. — Röp., Fl. Meckl. — Koch, Syn. Fée, Gen.

CARACHIA RUTAMURARIA Newm. Phyt. brit. ferns.

Habitat. Toutes les basses vallées autour de la chaîne du Mont-Blanc.

Station. Les vieux murs et les rochers couverts de mousse.

Localités. Les murs au Bouchet de Servoz, à 850 m. Chède, 624 m. Environs de Courmayeur. Plante très-commune dans les basses vallées des limites de cet opuscule.

Limite verticale supérieure ne s'élevant qu'accidentellement au-dessus de 1000 à 1200 m.

Terrain. Indifférente à toutes les formations.

Noms vulgaires. Sauve-vie, rue des murailles; *patois* comme la précédente.

Usages. On s'en sert aussi comme succédané des capillaires.

Fructifie de juin à septembre.

27. ASPLENIUM *adianthum nigrum.* Linn. — Sw. Syn. fil. DC., Fl. fr. Koch, Syn. — Fée, Gen. fil. Newm. brit. ferns.

TARACHIA ADIANTHUM NIGRUM. Presl.

Habitat. Vallées de Chamounix et de Servoz.

Station. Spécialement parmi les rocailles boisées, sous les pierres offrant des saillies.

Localités. A Servoz, au Monthieu, à 870 m. A Bocher, près Ste-Marie-sous-le-Fouilly, à 900 m. En montant à Pormenaz depuis le Mouhant, à 900 m. A la base du revers occidental de la chaîne des Aiguilles-Rouges ; min. des échantillons recueillis dans ces trois localités rapprochées, 10 c., max. 15 à 20 c., dans le terrain feldspathique et de transition. Salvans, Finhaut, à environ 13 à 1400 m.

Limite verticale supérieure 12 à 1300 m.

Cette espèce habite les alluvions diverses et les terrains feldspathiques cristallins de transition; elle préfère le versant méridional des vallées.

Noms vulgaires. Capillaire noir, Doradille noire.

Usage industriel. C'est un succédané des vrais capillaires.

Fructifie de juin à septembre.

Variété de l'espèce précédente.

27 *bis.* ASPLENIUM *adianthum nigrum.* V. *b.* Serpentini Koch, Syn.

ASPLENIUM. V. *b.* virgilis Bory, Guss. Syn.

ASPLENIUM ACUTUM Pöll.

Lobes plus étroits, plus écartés, plus finement incisés lobulés.

Habitat. Vallées du revers méridional de la chaîne du Mont-Blanc.

Station. Dans les fentes de rochers et parmi les pierres.

Localités. Environs de Courmayeur, au-dessus du village de Dologne, sur les derniers rochers formant la base du Mont-Chétif, sur son revers oriental, à 1240 m., min. de taille, 10 c., max. 25 c.

Cette variété appartient aux expositions méridionales.

Fructifie en septembre-octobre.

28. ASPLENIUM *trichomanes* Smith. — Huds. Sw. Gen. fil. DC., Fl. fr. — Presl. Röp. Koch, Syn. — Fée, Gen. fil. Newm. brit. ferns.

Habitat. Généralement le long des chemins et des routes dans tout le rayon de cette flore.

Station. Très-fréquente sur presque tous les vieux murs et les rochers couverts de mousse.

Localités. Toutes les vallées autour du Mont-Blanc, environs de Chamounix, les Plans, le Biolet, aux Gaillands et aux Chauderons, à 1052 m., min. de taille 10 c., max. 20 à 30 c.

Limite verticale supérieure, 1000 m., en max. 1500 à 1600 m.

Elle croît partout, sans distinction ni de terrain ni d'exposition.

Noms vulgaires. Polystic des boutiques, capillaire noir, ou doradille polystic.

Usages. Employée comme succédané du capillaire dans la préparation du sirop.

Maturation, de juin à septembre.

29. ASPLENIUM *viride* Huds. Sw. Syn. fil. — DC., Fl.

fr. — Koch, Syn. — Fée, Gen. fil. — Newm. brit. ferns. Mett. Fl.

Habitat. Toutes les vallées autour du Mont-Blanc, comprises dans le rayon de ce guide.

Station. Les fentes de rochers et parmi leurs débris, et dans les murs en pierres sèches.

Localités. Ste-Marie-au-Fouilly, à 900 m., min. de taille 10 c., max. 12 à 15 c., dans le terrain cristallin feldspathique. En montant l'éboulement des Fyz, sur le revers méridional de la chaîne, à environ 1300 m., min. de taille 15 c., max. 18 à 20 c., dans le terrain crétacé ou néocomien. Au mont Lachat, revers occidental, contre Bionassay, dans le val Mont-Joie, à 1200 m., min. de taille, 6 à 7 c., max. 10 c., dans le terrain calcaire liasique.

Cette espèce est surtout très-abondante dans les murs de pierres sèches, entre Chamounix et Argentière, au delà de la montée des Thynes, au lieu dit les Chatelets, sur le bord de la route, à 1200 m., le min. de taille est ici de 15 c., le max. de 20 à 25 c., dans une alluvion de cristallisation. — Au St-Bernard, au-dessus de la cantine, à environ 2000. A Courmayeur, sur les pentes du Mont-Chétif, au revers Oriental, à 1240 m., min. de taille, 10 c., max. 20 à 25 c., dans le terrain azoïque ou schiste cristallin.

Limite verticale inférieure, 850 m., max. de la supérieure, 2000 m.

Cette plante se rencontre principalement dans le calcaire liasique, très-rarement dans le terrain cristallin.

Usage. Elle peut s'employer avantageusement au même usage que la précédente.

Fructifie en juin à septembre.

Variété *a* de l'espèce précédente.

29 *bis*. ASPLENIUM *viride varietas b. incisum*.

Fronde presque deux fois pennée ou profondément incisée.

Habitat. Vallée de Chamounix.

Station. Les murs de pierres sèches.

Localités. A Argentière, dans les murs, sur le bord de la route, jusqu'à Entre-les-Champs, 1280 à 1300 m., et à l'extrémité orientale de la vallée, au Tour, 1300 m. min. de taille 10 à 12 c., max. 15 à 18 c., dans le terrain glaciaire de cristallisation et dans le schiste cristallin.

Variété *b.*

29 *ter.* ASPLENIUM *viride v. alpina.* Schleich. Cat.

C'est une forme de l'espèce type remarquable par sa petitesse, 5 c. en max. 6 à 10 c.; lobes très-obtus, peu crénelés.

Habitat. Vallées de Chamounix et du Trient.

Station. Les fentes de rochers, exclusivement sur le calcaire.

Localités. Les rochers des lignes de démarcation de la Savoie avec la Suisse, près du col de Balme, 2210 m.

Limite verticale inférieure, 2000 m., supérieure, 2400 m.

Maturation. Août.

30. ASPLENIUM HALLERI DC., Fl. fr.—Koch, Syn. Mett. fil.

POLYPODIUM FONTANUM Linn.

ATHYRIUM HALLERI Roth. Presl. — Fée, Gen. fil.

ASPIDIUM FONTANUM Sw. Syn. fil.

ASPIDIUM HALLERI Wild. Set.

Habitat. Vallée moyenne de l'Arve et bassin du Trient.

Station. Les fentes de rochers nus et découverts.

Localités. Entre St-Martin et Maglan et jusqu'à Cluses. Dans ce bourg, en face l'ancien pont sur l'Arve, à 550 m. environ., min. de taille, 5 à 7 c., max. 8 à 10 c., dans le terrain néocomien. A Bonneville, derrière le château d'Asnière; base d'Andey à Ponchy, 440 m. (Dumont). Au Gras du

Platay, sur la chaîne des Fyz, à environ 13 à 1400 m., min. de taille, 6 à 7 c., max. 12 à 15 c., dans le terrain crétacé ou néocomien. Vers la gorge du Trient, sous les Salvants, près Martigny, au revers oriental de la vallée du Rhône, à 470 m. environ; min. de taille, 8 à 10 c., max. 15 à 18 c.

Limite verticale supérieure ne dépassant qu'exceptionnellement 450 à 500 m.

Cette plante appartient exclusivement au calcaire jurassique ou néocomien. Je ne l'ai point encore rencontrée dans les terrains primitifs et de cristallisation.

Maturation. L'automne, l'hiver et jusqu'au printemps.

31. NOTOCHLÆNA R. Brown.

Marantæ R. Brown. Presl. tent. pterid. — Koch, Syn. — Fée, Gen. fil.

Pseudolonchitis Marantæ Zving.

Acrostichum Marantæ. Linn Sw. Syn. fil.

Ceterach marantæ. DC., Fl. fr.

Gymnogramma marantæ. Mett. fil.

Habitat. Bassin supérieur de la Doire.

Station. Sur les murs et les rochers humides ou découverts.

Localités. Environs d'Aoste, sur la base du revers septentrional de la vallée, entre le pont d'Œl et Villeneuve, à 500 m. environ, min. de taille, 8 à 10 c., max. 10 à 12 c., dans le terrain alluvion et le talschiste.

Limite verticale supérieure, 600 m.

Maturation. Été.

32. ALLOSURUS Bernh.

Crispus bernh. — Presl. tent. pterid. — Koch, Syn. New. Mett.

Osmunda crispa. Linn. Acrostichum crispum Vill. Dauph.

PTERIS CRISPA All. — Sw. Syn. fil. — DC., Fl. fr.

CRYPTOGRAMMA CRISPA R. Brown. in Hook

Habitat. Toutes les vallées autour du Mont-Blanc, dans le rayon de ce catalogue.

Station. Débris de rochers sablonneux, découverts.

Localités. Servoz, aux Montées, et Bocher, ainsi que Ste-Marie, en face des Montées, sur les deux rives de l'Arve, 850 à 900 m., min. de taille, 20 à 30 c., max. 40 à 50 c. Autour de Chamounix, presque partout où il y a des rocailles sèches, à 1050 m., fréquente indistinctement toutes les expositions. En allant au Montanvert, à environ 1800 m. et en grande abondance, en allant à Plampraz, au lieu dit le Kaizet, sur le revers méridional du Brévent, à environ 1700 m., min. de taille, 20 c., max. 35 c., dans le terrain cristallin primitif. A la Flegère, sur le même versant, à une altitude de 2000 m. Au St-Bernard, à environ 2000 m.; à Courmayeur, 1200 m. Au val Chapiu et au val Mont-Joie, près du Nant-Bourant.

Cette espèce est très-fréquente dans tout notre voisinage.

Limite verticale inférieure, 800 m. supérieure, 2000 à 2200 m.

Se rencontre plus spécialement dans le terrain de cristallisation primitif et recherche de préférence l'exposition au levant.

Noms vulgaires. Fougère crépue. *Patois chamoniard*, osmonde, aigline.

Usages. Elle s'emploie avec succès pour la distillation, de plus on la considère comme un très-bon pectoral.

Fructifie de juillet à septembre.

33. CHEILANTHES Sw.

ODORA Sw. Syn. fil. — Presl. tent. pterid.—Fée, Gen. fil.

ADIÆNTHUM odorum DC., Fl. fr.

POLYPODIUM FRAGRANS Linn.

Habitat. Bassin supérieur de la Doire.

Station. Sur les murs humides des vignes et sur les rochers.

Localités. Environs d'Aoste, à 590 m., et jusqu'à Villeneuve, sur le chemin qui longe la base du versant septentrional, et près le château des Amavilles, à 610 m., min. de taille, 6 c., max. 8 c.

Limite verticale supérieure, 650 à 700 m.

Exposition. Vallées du versant méridional de la chaîne du Mont-Blanc.

Fructifie en été.

34. ADIANTHUM *Capillus veneris.* Linn. — Sw. Syn. fil. — DC., Fl. fr. Presl. tent. pterid. — Koch, Syn. — Fée, Gen. fil. Newm. brit. ferns.

Habitat. Vallée moyenne de l'Arve et bassin supérieur de la Doire.

Station. Lieux pierreux, couverts et très-humides, au bord des fontaines.

Localités. Aux Ravoires, sur le château de la Batia, au revers méridional du vallon de la Combe, à environ 900 m., min. de taille, 6 à 8 c., max. 12 à 15 c., dans le terrain d'alluvion. Val de Valsavaranche, près Courmayeur, à environ 1500 m., min. de taille, 8 c., max. 10 à 12 c.

Limite verticale supérieure, 15 à 1600 m.

Cette plante ne se trouve que dans les régions les plus méridionales de notre flore. Elle aime les eaux dont la température est un peu élevée, et se rencontre indistinctement dans tous les terrains d'alluvion.

Noms vulgaires. Vraie capillaire, capillaire de Montpellier, cheveux de Vénus.

Propriétés médicinales. Elle est regardée comme pectorale et apéritive.

Usage industriel. C'est l'espèce normale qui sert dans la fabrication du sirop de capillaire.

Fructifie en automne.

35. PTERIS Linn.

AQUILINA Linn. — Sw. Syn. fil. — DC., Fl. fr. — Röp. f. Koch, Syn. — Fée, Gen. fil. — Mett. fil. Desmaz.

ALLOSURUS AQUILINUS Presl. tent. pterid.

EUTOPTERIS AQUILINA Newm. brit. ferns.

Habitat. Vallées de Chamounix, de Servoz et de Mont-Joie.

Station. Lieux très-secs, sablonneux, stériles, et les débris de rochers.

Localités. Au Bouchet de Servoz, à 800 m., jusqu'à Bocher, rive droite de l'Arve, à 900 m., sur la base du revers méridional et occidental de la chaîne du Brévent, min. de taille, 40 c., max. 1 m. 20 c., dans l'alluvion glaciaire, feldspathique et cristallin.

Cette espèce est très-fréquente dans la vallée de Servoz, jusqu'à la partie inférieure de celle de Chamounix, au val Mont-Joie et à Courmayeur.

Limite verticale supérieure, 1000 m., ne dépasse qu'accidentellement 1200 m.

Plante indifférente aux diverses formations d'alluvions de transport, et aux terrains primitifs de criscallisation.

Exposition. Elle préfère le revers méridional des vallées, et le versant septentrional du Mont-Blanc, où elle est beaucoup plus commune qu'au versant du sud.

Noms vulgaires. Grande fougère impériale, grande fougère femelle ou fougère commune, aigle impériale.

Patois chamoniard. Fiœudtz.

Propriété médicinale. Elle est considérée comme un excellent vermifuge.

Usage industriel. Les Rhizomes réduits en farine donnent un pain mangeable mais très-grossier.

Maturation. Août, octobre.

36. SCOLOPENDRIUM Smith.

Officinarum Sw.— Syn. fil. — Presl. tent. pterid. Koch. Syn. — Fée, Gen. fil. — Mett. fil.

Asplenium scolopendrium Linn.

Scolopendrium vulgare Smith.

Scolopendrium officinale DC., Fl. fr.

Phillitis scolopendrium Newm. Phyt. brit. ferns.

Habitat. Vallée moyenne d'Arve et bassin supérieur de la Doire.

Station. Cette plante ne se trouve que dans les lieux ombragés, humides, sous les broussailles, au bord des ruisseaux et des fontaines.

Localités. Environs de Bonneville, Vougy, Ponchy, à 440 et 500 m. Environs d'Aoste, à 590 et 600 m., min. de taille 20 c., max. 30 c.

Limite verticale supérieure, 650 m., max. 700 m.

Exposition. Sur le versant nord des vallées méridionales, beaucoup plus rare au septentrion de la chaîne.

Noms vulgaires. Langue de cerf, de bœuf, scolopendre.

Patois chamoniard. Seinwoua ou leinoua de cerf.

Propriétés médicinales. On regarde cette plante comme astringente et vulnéraire ; elle est employée dans les diarrhées et les hémorrhagies.

Fructifie de juin à septembre.

37. BLECHNUM Linn.

Spicant. Roth. — DC., Fl. fr. — Koch, Syn. Newm. brit. ferns.

Osmunda spicant. Linn.

Acrostichum spicant. Vill. Dauph.

Blechnum boreale Sw. Syn. Fl. — Röp. Mett. fil.

Speianta borealis Presl.

Habitat. Toutes les vallées comprises dans le rayon de cette flore.

Station. Dans les forêts très-ombragées et humides, parmi la mousse.

Localités. Très-fréquente dans tous les bois des vallées autour du Mont-Blanc. Notamment à Ste-Marie-sous-le-Foully, sur les deux rives de l'Arve, jusqu'au pont Pélissier, à 900 m. min. de taille 20 c., max. 40 c. A Hortaz, près de Chamounix, à 1060 m., au pied du revers septentrional de la chaîne, min. de taille, 20 c., max. 40 c., dans un sol schisteux cristallin. En allant au Montanvert, sur le flanc du même versant, à 1800 m. dans la forêt du Brévent sur le flanc méridional des Aiguilles-Rouges, à 1600 m., min. de taille, 15 c., max. 50 c. Vallée de la Tête-Noire, 1200 m.; du Trient, à 1200 m.; val Mont-Joie, à 1300 m., en montant dans les bois, depuis Notre-Dame-de-la-Gorge, à Nant-Bourant, min. de taille, 20 c., max. 50 à 60 c., dans un sol de schiste cristallin. Environs de Courmayeur, bois de la Chapelle-de-Berryer, à 1250 m., et dans les prés de Venis, à 1400 m.

Limite verticale supérieure, 12 à 1500 m.

Cette espèce croît indistinctement dans tous les terrains, mais principalement dans l'alluvion de cristallisation.

Exposition. Principalement au revers nord des vallées.

Fructifie en juin et septembre.

SECONDE FAMILLE

EQUISETACÉES Rich.

1. EQUISETUM Linn.

Arvense Linn. — DC., Fl. fr. — Vauch. Monogr. — Röp. Fl. — Koch.

Habitat. Vallées comprises dans le rayon de ce catalogue.

Station. Plante spéciale aux champs humides sablonneux.

Localités. Fréquente dans toutes les vallées indiquées.

Limite verticale supérieure 12 à 1300 m.

Cette plante se rencontre souvent dans les alluvions sablonneuses de transport.

Température des eaux qui entourent les rhizômes au Bouchet : 11 à 12 degrés cent.

Exposition. Les espèces de cette famille croissent toutes dans le fond des vallées.

Noms vulgaires. Prêle, aprèle, petite aprèle.

Patois chamoniard. Kawat de rat, queue de rat, verrine.

Propriété médicinale. Utilisée comme astringente et diurétique.

Usage industriel. Dans nos vallées on se sert de cette plante pour récurer les ustensiles de bois et pour polir la corne.

Fructifie en avril-mai.

2. EQUISETUM *telmateya* Ehrh. — DC., Fl. fr. — Röp. Fl. — Koch, Syn.

EQUISETUM FLUVIATILE Smith brit. Vauch. Monogr.

EQUISETUM EBURNEUM Roth.

Habitat. Vallée moyenne d'Arve, plaine de Passy, Servoz.

Station. Lieux marécageux, ombragés, et les fossés.

Localités. Au bord d'Arve, rive gauche, depuis le Faillet à Sallanche, 543 m.; à Servoz au lac, 850 m., min. de hauteur de sa tige, 10 c., max. 25 c.

Limite verticale supérieure. 850 m.

Fructifie en avril-mai.

3. EQUISETUM *sylvaticum* Linn.—DC., Fl. fr. Vauch. Monog. Röp., Fl. Meckl. — Koch, Syn. Desmaz.

Habitat. Vallée de Chamounix.

Station. Les pâturages et les champs humides, presque marécageux.

Localités. A la Mollard, à 1070 m., min. de taille 10 c., max. 30 c. A Hortaz, près des Couverets, à 1060 m., dimension comme ci-dessus. C'est l'espèce la plus fréquente de la vallée.

Limite verticale supérieure, 12 à 1300 m.

Température des rhizômes d'après celle de l'eau circonvoisine en avril 10° cent.

Se rencontre dans l'alluvion marécageuse et dans les champs.

Nom vulgaire. Comme la précédente.

Patois chamoniard. Kawat de Reinnard, polaille.

Usage industriel. On s'en sert pour récurer les ustensiles en bois.

Fructifie en avril-mai.

4. EQUISETUM *umbrosum* Meyer, Koch, Syn.

EQUISETUM PRATENSE Ehrh. — Röp., Fl. Meckl.

Habitat. Vallées de Chamounix, de Ferret et d'Allée-Blanche.

Station. Les marécages sablonneux et graveleux.

Localités. Au bord du lac de Chède, maintenant comblé par la boue du Nant-Noir, à 832 m., min. de taille 25 c., max. 45 à 50 c. Près des chalets du Lavachet, dans la vallée de Ferret, à 1600 m., min. de taille 20 c., max. 40 à 50 c.

Limite verticale supérieure, 1600 à 2000 m.

Cette espèce croît exclusivement dans l'alluvion sablonneuse de transport.

Nom vulgaire et patois. Aprêlaz, petite aprêlaz.

Usage industriel. Voyez le n° 1.

Fructifie en été.

5. EQUISETUM *palustre* Linn. — DC., Fl. fr. — Vauch. Monogr. — Röp., Fl. Meckl. — Koch, Syn.

EQUISETUM VARIEGATUM Schleich.

Habitat. Vallée moyenne de l'Arve.

Station. Lieux marécageux, sablonneux.

Localités. Le long de la rive droite de l'Arve entre Chède et St-Martin.

Limite verticale supérieure 1000 à 1200 m., max. 1500 m.

Terrain. Alluvions tourbeuses.

Nom français et vulgaire. Prêle des marais.

Patois chamoniard. Aprêlaz, verrine.

Usage industriel. Les tourneurs s'en servent pour polir la corne.

Fructifie en été.

6. EQUISETUM *limosum* Linn.

EQUISETUM FLUVIATILE DC., Fl. fr. — Vauch. Monogr. — Röp. — Koch, Syn.

Habitat. Vallée moyenne de l'Arve.

Station. Les marais et les fossés.

Localités. Le long de la route, de Genève à St-Martin ; d'abord entre Contamines et Bonneville, à 446 m., ensuite de Bonneville à Scionzier, à 496 m. min. taille 40 c., max. 80 c.

Limite verticale supérieure, 500 à 600 m., max. 700 m.

Nom vulgaire. Prêle des bourbiers.

Propriétés médicinales. Cette espèce est regardée comme la plus diurétique du genre ; elle détermine une prompte hématurie à la dose de 8 à 10 grammes de la plante sèche, en décoction dans un demi-litre d'eau.

Fructifie en été.

7. EQUISETUM *trachyodon* Al. Braun. Fl.

EQUISETUM PALEACEUM. — Doll. Rh. Fl.

EQUISETUM PALEACEUM Schleich.

Habitat. Vallée de Chamounix, du côté oriental.

Station. Lieux stériles et sablonneux, très-secs.

Localités. Au pied du glacier du Tour, dans la partie supérieure de la vallée, à 1229 m., min. de taille 10 c., max. 20 c. Environs de Chamounix où sa taille est un peu plus élevée.

Limite verticale supérieure, 1052 m., max. 1200 à 1300 m.

Terrain. Glaciaire sablonneux.

Fructifie en août.

8. EQUISETUM *ramosum* Schleich. — DC., Fl. fr. — Koch, Syn.

EQUISETUM ELONGATUM Wildenow ; Eq. ramosissimum Vauch.

EQUISETUM RAMOSUM varietas.

Habitat. Vallées de Chamounix et de Ferret.

Station. Endroits marécageux, sablonneux et rocailleux.

Localités. Près des chalets du Pont, dans le val Ferret, à 1500 m., min. de taille 20 c., max. 40 à 50 c. Au bord du lac Combal, dans l'Allée-Blanche, revers méridional du Mont-Blanc, à 1950 m., min. de taille 15 c., max. 30 c. En allant au pavillon de Bellevue, aux marécages de Mayens des Houches, à 1000 m. environ, min. de taille 10 c., max. 40 c. A Trient, en face le hameau de Ponté, à 1360 m. à peu près, min. de taille 10 c., max. 30 c.

Limite verticale supérieure, 2000 m.

Cette espèce croît habituellement dans les sables mouillés des moraines glaciaires.

Patois chamoniard. Aprêlaz de montagne.

Maturation. Juin-août.

9. EQUISETUM *hyemale* Linn.— DC., Fl. fr. – Vauch. Monog. — Röp., Fl. Meckl. — Koch. Syn.

Habitat. Vallée de Servoz.

Station. Les bois ombragés, humides.

Localités. Mont-Vauthier, à 850 m.; au Lac-sous-Vaudagne.

Limite verticale supérieure, 1000 m.

Se rencontre dans les alluvions de tous les âges.

Noms vulgaires français, prêle des tourneurs, des menuisiers.

Patois chamoniard. Granda aprailaz, tawa detweaux.

Usages industriels. Les tiges sont employées par les Chamoniards à polir le bois, les métaux, la corne de chamois à laquelle on peut donner un très-beau poli, et la pierrre ollaire dont on fabrique divers objets de fantaisie.

Fructifie en mai-juillet.

10. EQUISETUM *variegatum* Schleich. — DC., Fl. fr. Röp. Koch, Syn. Equisetum multiforme Vauch. Monog. V. cr. tenui V. Vauch.

Habitat. Vallée moyenne d'Arve.

Station. Lieux sablonneux, marécageux, au bord d'Arve.

Localités. Entre St-Martin et Chède, à 624 m., min. de taille 10 c., max. 20 c.

Limite verticale supérieure, 650 à 1000 m., au max. 1200. Se trouve dans l'alluvion de transport ou dans le terrain cristallin primitif.

Fructifie en mai, juin et juillet.

TROISIÈME FAMILLE

LYCOPODIACÉES Rich.

1. LYCOPODIUM Linn.

SELAGO Linn. — DC., Fl. fr. — Röp. Fl. Meckl. — Koch, Syn.

Habitat. Toutes les vallées autour du Mont-Blanc, comprises dans le rayon de ce guide.

Station. Sur les rochers boisés, dans les forêts de sapins humides.

Localités. Très-fréquente aux environs de Chamounix, notamment à Ste-Marie-sous-le-Foully, à 900 m., min. de taille 5 c., max. 24 à 26 c. Entre les petits cours d'eau, en face de Pierre-à-Bérard, au revers méridional du Buet, à 2000 m., min. de taille 6 c., max. 12 c. Au mont Lachat, près du sentier. Au Brévent, sur son revers méridional, à environ 2000 m., min. de taille 10 c. max. 20 c. A Charmoz, au pied de l'Aiguille, à environ 2400 m., sur son flanc septentrional, min. de taille 3 c., max. 6 c. Dans les bois de Chamounix, au Cougnon, à 1060 m., min. de taille 10 c, max. 15 à 20 c

Limite verticale inférieure, 800 m., supérieure, 2400 m.

Toutes les localités où l'on rencontre cette plante appartiennent au terrain cristallin.

Exposition. Fréquente surtout le versant nord des montagnes.

Nom vulgaire français. Lycopode.

Patois chamoniard. Piotaz, rouvna, patte de loup.

Propriétés médicinales. Plante purgative et vomitive. Elle doit être prise à petite dose pour ne pas exciter des convulsions.

Usages industriels. Employé avec succès pour détruire les insectes parasites des animaux ruminants.

Fructifie en juin-septembre.

2. LYCOPODIUM *inundatum* Linn. — DC., Fl. fr. — Röp. Fl. Meckl. — Koch, Syn. — Springel. Monog.

Habitat. Vallées de Chamounix et de Valorsine.

Station. Les pâturages marécageux et tourbeux.

Localités. Au Bouchet de Chamounix, en face des Grandes-Places, à 1052 m., min. de taille 4 à 5 c., max. 8 à 10 c. A Valorsine, vers les premiers Mélèzes, au delà des Montets sur un petit plateau tourbeux, entre les deux forêts, à environ 1300 m., min. de taille 3 à 4 c., max. 6 à 8 c. En face de Pierre-à-Bérard, entre les petits cours d'eau qui descendent du Buet, à 2200 m., min. de taille 2 à 3 c., max. 6 à 8 c.

Limite verticale inférieure, 1052 m., supérieure, 2200.

Cette plante appartient exclusivement aux sols de tourbières alpines ou sous-alpines.

Fructifie en juin-septembre.

3. LYCOPODIUM *annotinum* Linn. — Röp. — Koch, Syn. — Spreng.

LYCOPODIUM JUNIPERIFOLIUM Sam. — DC., Fl. fr.

Habitat. Vallée de Chamounix, assez fréquente.

Station. Sous les bruyères, parmi la mousse et dans les bois de sapins, sous les arbres et dans les pâturages.

Localités et *altitude.* A Hortaz en allant à la source de l'Arve, à 1060 m., min. de taille 10 c., max. 30 c., dans le terrain cristallin. Dans la forêt de Melèzes, vers la chapelle des Montets, à 1300 m. environ, min. de taille et sol comme à la localité qui précède. A Tête-Noire, 1200 m. et entre Notre-Dame-de-la-Gorge et le Nant-Bourant, 1200 m. Au Bouchet de Chamounix, en face des Grandes-Places, à 1052 m., min. de taille 10 c., max. 20 c.

Limite verticale inférieure, 1000 m., supérieure, 1400 à 1500 m.

Terrain. Alluvion de cristallisation.

Exposition. Lieux couverts et ombragés du revers septentrional des montagnes.

Noms vulgaires et nom patois chamoniard et les propriétés de cette plante comme les espèces qui précèdent.

Fructifie en juin-juillet.

4. LYCOPODIUM *clavatum* Linn. — DC., Fl. fr. — Röp. — Koch, Syn. — Sprengel, Monogr. — Desmaz.

Habitat. Toutes les vallées comprises dans le rayon de ce guide.

Station. Sous les arbrisseaux parmi la mousse.

Localités et *altitude.* A Hortaz, au delà du chalet, en allant à la source de l'Arveiron, à 1070 m. environ, min. de taille 6 à 8 c., max. 12 à 16 c., dans l'alluvion de cristallisation. Aux Grandes-Places, au Bouchet de Chamounix, min. de taille 5 à 6 c., max. 8 à 10 c. Près des marécages des Melèzes. Aux Montets, sur le flanc oriental, à 1200 m., min.

de taille 15 c., max. 20 à 30 c. Au pavillon de Bellevue parmi les broussailles, au-dessus des côtes de Vozaz, à 1200 m. environ, min. et max. de taille comme l'espèce qui précède, dans le terrain calcaire.

Limite verticale inférieure 1200 m., supérieure 2000 m.

Cette plante se rencontre dans l'alluvion, le terrain glaciaire de cristallisation, et le terrain feldspathique.

Noms vulgaires français. Poudre de Lycopode, plicaire, herbe à la plique, herbe aux massues, mousse terrestre.

Patois chamoniard. Patte de loup, piottaz de louvnaz.

Propriété médicinale. Les spores sont employés pour rouler les pilules et pour saupoudrer les excoriations des aines.

Usage industriel. On s'en servait sur les théâtres pour imiter les éclairs et pour garnir des torches qui s'enflamment et fulminent; elle sert aussi dans la teinture.

Fructifie en juillet-septembre.

5. LYCOPODIUM *alpinum* Linn. — DC., Fl. fr. — Koch. — Springel, Mon.

Habitat. Vallées de Chamounix, de Valorsine, de Bérard et de la Diozaz.

Station. Sous les arbustes et les bruyères des lieux secs ou un peu marécageux.

Localités et *altitude.* Entre les petits cours d'eau qui descendent du Buet, en face de Pierre-à-Bérard, sur le revers méridional du Buet, à 2200 m., min. de taille 8 c., max. 12 c., dans un sol tourbeux reposant sur le terrain cristallin primitif. Sur le flanc méridional de Pormenaz, aux tourbières du Plânoz, sur des petits mamelons secs qui séparent les tourbières, à 2300 m., min. de taille 5 à 6 c., max. 8 à 10 c. Aux Melèzes de Valorsine, sur le plateau marécageux qui sépare les deux forêts, à 1200 m., min. de taille 6 c., max. 8 à 10 c., dans l'alluvion tourbeuse de cristallisation. Sur la moraine latérale de la rive gauche de la

Mer-de-Glace, entre le Montanvert et l'Angle, à 1750 m. environ, min. de taille 5 à 6 c., max. 8 c., dans le terrain glaciaire cristallin. En allant au col de Balme, sous les broussailles, à Charamillon, sur le revers occidental du col du côté de Chamounix, à 1850 m. à peu près, min. de taille 8 c., max. 12 à 16 c., dans l'alluvion calcaire. Au Bouchet de Chamounix, à 1060 m., min de taille 7 à 8 c., max. 10 à 12 c., dans l'alluvion glaciaire. A Hortaz, près la source de l'Arveiron, à 1060 m., min. de taille comme dans la dernière localité. Au col de Vozaz, 1616 m. A Mont-Lachat, 2100 m. St-Bernard, 2200 m. Val Mont-Joie et Courmayeur.

Limite verticale inférieure, 1000 m., supérieure 2300 m.

Cette espèce parait indifférente à toutes les expositions; elle prospère dans les endroits les plus stériles.

Fructifie en juillet-août.

LYCOPODIUM *complanatum* Linn. — DC., Fl. fr. — Koch, Syn. — Springel, Monogr.

Bon type du véritable L. complanatum des auteurs anciens et non point variété à l'espèce précédente, dans le voisinage de laquelle il se développe quelquefois.

Habitat. Vallée de Chamounix.

Station. Sous les arbustes et les bruyères des lieux secs et stériles.

Localités. En allant à la Parsaz, par les Tartytlyres. Aux Brons, sous la pierre à l'Horbé, sur le revers méridional de la base des Aiguilles-Rouges, à 1600 m., min. de taille 8 à 10 c., max. 15 à 20 c., dans le schiste cristallin ou terrain cristallin secondaire.

Limite verticale inférieure et supérieure, 1600 m.

Usage industriel. Comme le L. clavatum, de plus il est employé en diverses contrées pour teindre en jaune.

Fructifie en août-septembre.

7. SELAGINELLA *Springel.*
SPINULOSA A. BRAUN. — Koch, Syn.
LYCOPODIUM SELAGINOÏDES Linn. — DC., Fl. fr.
SELAGINELLA CILIATA Opitz.

Habitat. Dans toutes les vallées comprises dans le rayon de ce guide.

Station. Les pâturages secs.

Localités et altitude. A Hortaz, autour de la pyramide, près la source de l'Arveiron, 1060 m., min. de taille 4 c., max. 6 c., dans l'alluvion glaciaire de cristallisation. Au Bouchet de Chamounix, à 1060 m., taille et sol comme dans la précédente localité. Valorsine près des Melèzes déjà cités, à 1200 m., min. de taille 3 c., max. 6 c. A Pierre-à-Bérard, entre les petits cours d'eau qui descendent du Buet sur le revers méridional, à 2000 m. environ, min. de taille 1 c., max. 5 à 6 c., dans le terrain de cristallisation.

Limite verticale supérieure 2000 m.

Fructifie en juillet-août.

8. SELAGINELLA *helvetica* Springel. — Döll. Rhein. Fl. — Koch, Syn.
LYCOPODIUM HELVETICUM Linn. — DC., Fl. fr. — Schleich.

Habitat. Toutes les vallées comprises dans le rayon de ce guide.

Station. Les pâturages frais, au pied des arbres parmi la mousse.

Localités et altitude. A Bocher, près des mines de Ste-Marie, rive droite de l'Arve, à la base du revers occidental des Aiguilles-Rouges, à 900 m., min. de taille 3 c., max. 4 à 5 c. Au bord de la route à Tête-Noire, à 1200 m., base du revers septentrional de la chaîne des Pozettes, min. de taille 2 c., max. 4 c. A Hortaz, en allant à la source de l'Arveiron, à 1060 m., min. de taille 3 c., max. 6 à 7 c., dans le terrain alluvion de cristallisation. Au Cougnon, en face de Chamounix, à 1052 m., à la base du même versant, min. et max. de sa taille comme ci-dessus. A Notre-Dame-de-la-Gorge, jusqu'à Nant-Bourant, 1200 m. En descendant de la montagne du Fer à Servoz, sur Mont-Vautier, à 1100 m. environ, vers la base de son revers occidental, min. de taille 3 c., max. 5 à 6 c.

Cette espèce est bien plus fréquente dans toutes les vallées du versant septentrional que dans celles du revers méridional.

Limite verticale inférieure, 800 m., max. de la supérieure, 1500 à 2000 m.

Exposition. Cette plante préfère le côté nord des vallées.

Température des sources voisines, à Hortaz, 5,2 degrés cent.

Fructifie en juin-juillet.

Observation. Je fournirai avec plaisir aux personnes qui m'en feraient la demande, la collection des espèces types qui font le sujet de ce mémoire. Je puis les expédier sèches ou vivantes. Je procurerai également toutes les espèces phanérogames ou cryptogames qui croissent dans les limites comprises dans le rayon de ce guide; des collections types de monographies de genres ou de familles, de plantes médicinales ou vénéneuses; comme aussi des centuries ou fascicules de plantes rares de la chaîne du Mont-Blanc, du Mont-Rose et de celles qui forment la limite supérieure de la végétation des Alpes pennines.

La bonne classification et la parfaite conservation des plantes ont valu à l'auteur une médaille d'argent à l'exposition de Turin, en 1858.

CATALOGUE

DE LA

FAMILLE DES MOUSSES

1 Phascum curvicollum Hedw.
2 cuspidatum Schreb.
3 Weisia viridula Brid.
4 recurvata Hedw.
5 recurvirostra Hedw.
6 controversa Hedw.
7 Gymnostomum rupestre Schwg.
8 curvirostrum Hedw.
9 (inédite) (species mihi ?)
10 v. d pallidisetum.
11 minutulum Hedw.
12 Rhabdowesia fugax Schp.
13 Anœctangium compactum Schw.
14 Cynodontium gracilescens W. et Möhr.
15 polycarpon Ehrh.
16 v. strumiferum Schp.
17 virens Hedw.
18 Dichodontium pellucidum Hedw
19 squarrosum Schreb.
20 Dicranella crispa Hedw.
21 cerviculata Hedw.
22 varia Hedw.
23 subulata Hedw.
24 curvata Hedw.
25 heteromalla Hedw.
26 Dicranum Blyttii Schp.
27 Starkii Web. et Möhr.
28 falcatum Hedw.
29 strictum Schleich.
30 montanum Hedw.
32 Dicranum longifolium Hedw.
33 Sauteri Schp.
34 albicans Schp.
35 scoparium Linn.
36 « v. crispum (Payot)
37 « v. orthophyllum Schp.
38 congestum Brid.
39 « v *b* longirostre Schp.
40 « v. *c* cirrhatum Schp.
41 Schraderi Schwg.
42 undulatum Turn.
43 strumiferum.
44 Dicranodontium longirostre Dill.
45 Campylopus flexuosus Brid.
46 Trematodon ambiguus Hedw.
47 Leucobryum glaucum Dill.
48 Fissidens osmundioïdes Hedw.
49 taxifolius Hedw.
50 adianthoïdes Dill.
51 Blindia acuta Dicks.
52 Desmatodon latifolius Brid.
53 latifolius v. muticus Brid.
54 glacialis Brid.
55 Didymodon rubellus Roth.
56 Trichostomum rigidulum Schul.
57 rigidulum v. densum Schp.
58 tortile Schrad.
59 homomallum Hedw.
60 flexicaule Schwg.
61 glaucescens Hedw.
62 Barbula rigida Schltz.

63 Barbula unguiculata Hedw.
64 fallax Hedwg.
65 inclinata Schwg.
66 tortuosa Web. et Möhr.
67 torquescens Schp.
68 muralis Linn.
69 subulata Dill.
70 » v. c angustata Schp.
71 mucronifolia Schltz.
72 aciphylla Schp.
73 ruralis Dill,
74 Ceratodon purpureus Dill.
75 Distichium capillaceum Hedw.
76 var. brevifolium S.
77 inclinatum Sw.
78 Tetraphis pellucida Dill.
79 Encalypta vulgaris Linn.
80 ciliata Hedw.
81 apophysata N. et K.
82 rhabdocarpa Schw.
83 streptocarpa Hedw.
84 Zygodon Mongeoti Tayl.
85 Orthotrichum Hutchinsiæ Hook.
86 crispum Hedw.
87 Sturmii H. et Tayl.
88 anomalum Hedw.
89 rupestre Schwg.
90 Lyellii Hook et Tayl.
91 speciosum Nees.
92 Grimmia (schistidium) apocarpon Hedw.
93 (schistidium) v. b rivularis Schp.
94 orbicularis Schp.
95 funalis Schwg.
96 spiralis Hook.
97 elatior Hornsch.
98 patens Schp.
99 Donniana Sm.
100 (Gumbelia) alpestris Schleich.
101 ovata Web. et Möhr.
102 obtusa Schleich.
103 ovalis Schp.
104 pulvinata Hook.
105 commutata Hüb.
106 sulcata Sauter.
107 mollis Schp.
108 unicolor Grew.
109 torquata Schp.

110 Grimmia atrata Nees.
111 Racomitrum ellipticum Turn.
112 aciculare Hedw.
113 protensum Al. Braun.
114 Sudeticum Brid.
115 fasciculare Dill. Brid.
116 heterostichum Hedw.
117 » v. b alopecurum Schp.
118 canescens Dill.
119 » v. b prolixum.
120 » v. c ericoïdes
121 lanuginosum Hedw.
122 » v. alpestris Schp.
123 Hedwigia ciliata Dicks.
124 ciliata v. c secunda Brd.
125 Dissodon Frœlichianus Hedw.
126 Tayloria Splachnoïdes Schlch.
127 serrata Hedw.
128 Tetraplodon angustatus Linn. fils.
129 Funaria hygrometrica Linn.
130 Webera acuminata Hedw.
131 polymorpha Hedw.
132 » v. b stricta Schp.
133 » v. c brachycarpa Schp.
134 elongata Dicks.
135 longicolla Sw.
136 cruda Schreb.
137 cucullata Schwg.
138 nutans Schreb
139 » v. b cæspitosa.
140 » v. c longiseta.
141 Ludwigii Spreng.
142 » v. b gracilis Schp.
143 pulchella Hedw.
144 Wahlenbergii Br.
145 » v. b glacialis Br.
146 Amblyodon dealbatus Dicks.
147 Bryum uliginosum Al. Br.
148 pendulum Hornsch.
149 compactum Hornsch.
150 latifolium Schp.
151 bimum Schreb.
152 pallescens Schwg.
153 alpinum Linn.
154 Muhlenbeckii B. et Schp.
155 cæspititium Linn.

156 Bryum argenteum Linn.
157 B.
158 capillare Hedw
159 » v. b cuspidatum Schp
160 pseudotriquetrum Schwg.
161 » v. E. compactum S.
162 pallens Sw.
163 Duvallii Voit.
164 turbinatum Hedw.
165 » v. c latifolium Hedw.
166 » v. praelongum
167 » v. Schleicheri Schp.
168 Mnium cuspidatum Hedw.
169 affine Bland.
170 undulatum Dill.
171 rostratum Dill.
172 serratum Brid.
173 orthorynchum Brid.
174 lycopodioïdes Hook.
175 spinosum Schwg.
176 spinulosum Schp.
177 punctatum Lin. Hedw.
178 species mihi!
179 Aulacomnium turgidum Wahl.
180 palustre Dill. Schwg.
181 androgynum Schwg.
182 Catoscopium nigritum Dicks
183 Meesia uliginosa Linn.
184 Barthramia ithyphylla Brid.
185 pomiformis Linn.
186 Halleriana Hedw.
187 Œderi Sw.
188 (Philonotis) fontana Linn.
189 » » v. c falcata.
190 Timmia megapolitana Hed.
191 Atrichium undulatum Linn.
192 Oligotrichum Hercynicum H.
193 Pogonatum nanum Hedw.
194 aloïdes Brid. Dill.
195 urnigerum Linn.
196 alpinum Linn.
197 » v. b arcticum Schp.
198 » v. c septentrionale.
199 Polytrichum sexangulare Hopp
200 sexangulare v. septentrion.
201 Polytrichum alpestre Hoppe.
202 piliferum Linn.
203 juniperinum Dill
204 commune Linn.
205 Diphyscium foliosum W. et M.
206 Buxbaumia indusiata Brid.
207 Andræa petrophila Ehrh.
208 alpestris Schleich.
209 » v. b grimsulana Schp.
210 Rothii Web. et Möhr.
211 nivalis Hook.
212 species mihi sterile??
213 Fontinalis antipyretica Linn.
214 Neckera pennata Dill. Hedw.
215 crispa Dill. Hedw.
216 complanata Linn.
217 Hookeria lucens Tayl.
218 Pylaisaea polyantha Dill. Schp.
219 Homalothecium sericeum Sch.
220 Orthotecium rufescens Dicks.
221 chryseum Schwg.
222 intricatum Schp.
223 Platygyrium repens Schwg.
224 Lescurea striata Schwg. Schp
225 Pterigynandrum filiforme Hed.
226 v. b heteropterum.
227 Pterogonium gracile Dill.
228 Climacium dendroïdes W. et Möhr.
229 Leucodon sciuroïdes Dill. Sch.
230 Antitrichia curtipendula Dill.
231 Leskea polycarpa Hedw.
232 nervosa Schwg.
233 Anomodon attenuatus Hedw.
234 viticulosus Dill.
235 Pseudoleskea atrovirens Dicks
236 Heterocladium dimorphum Bri.
237 Thuydium tamariscinum Dill
238 delicatulum Linn.
239 abietinum Linn.
240 Plagiothecium piliferum Sw.
241 pulchellum Hedw. Schp.
242 nitidulum Wahl Schp.
243 silesiacum Br. Schp.
244 denticulatum Dill.
245 sylvaticum Dill Sch.
246 Rhynchostegium confertum Dic.
247 murale Hedw. Schp
248 Eurhynchium striatum Schp

249 prælongum Linn. Schp.
250 crassinervium Tayl. Schp.
251 Vaucheri Lesq. Schp.
252 piliferum Schreb. Schp
253 Isothecium Myurum Brid.
254 myosuroïdes Linn. Brid.
255 Brachythecium populeum Lin.
256 plumosum Linn.
257 velutinum Linn.
258 v. *b* intricatum.
259 Starkii Brid.
260 glaciale Schp.
261 rutabulum Linn.
262 rivulare Br. et Schp.
263 v. *b* gracile C.
264 glareosum Schp
265 albicans Neck. Schp.
266 plicatum Schleich.
267 Camptothecium lutescens Sch.
268 Myurella julacea Vill. et Schp.
269 Amblysthegium serpens Dill.
270 riparium Linn.
271 » v. elongata Schp.
272 riparioïdes Hedw.
273 Lymnobium palustre Linn.
274 v. laxum Schp.
275 julaceum
276 inedite Herb.
277 alpestre Schp.
278 molle Dicks. Schp.
279 arcticum Sommerfelt.
280 Hypnum Halleri Linn
281 polymorphum Hedw.
282 » v. *b* chrysophyllum.
283 stellatum Schreb.
284 » v. *b* protensum Schp.
285 curvatum Schrad.
286 pallescens Schp.
287 fastigiatum Brid.
288 cupressiforme Linn.
289 » v. uncinatum.
290 » v. filiforme.
291 » v. mamillatum.
292 Hypnum cupressif. v elatum.
293 callichroum Tunk.
294 molluscum Dill
295 cristacastrensis Linn.
296 uncinatum Hedw.
297 revolvens Sw.
298 H.
299 fluitans Linn.
300 » v. *b* falcatum.
301 aduncum Hedw.
302 » v.
303 » v. amatum.
304 » v. gyganteum
305 commutatum Hedw.
306 » v. *b* falcatum
307 » v. *c* fluitans.
308 filicinum.
309 rugosum Dill. Ehrh.
310 cordifolium Hedw.
311 » v. compactum.
312 » v. fasciculatum D. Breb.
313 cuspidatum.
314 Scheberi Weild.
315 purum Linn.
316 nitens Schreb.
317 tormentosum.
318 Hylocomium splendens Dill.
319 Hycomium umbratum Ehrh.
320 brevirostrum Ehrh.
321 squarrosum Linn.
322 loreum Linn.
323 triquestrum Linn.
324 Sphagnum latifolium Hedw.
325 cyrabifolium.
326 v. compactum.
327 subsecundum Nees.
328 acutifolium V.
329 » v purpureum.
330 capillicifolium.

Species mihi.

2 Hypnum. 1 Bryum 1 Mnium.	espèces, ou variétés nouvelles[1].

1 Vu la stérilité des échantillons que je possède, je les mentionne seulement à l'attention des Bryologistes, en attendant que je puisse en recueillir en bonne maturité, afin d'en entreprendre l'analyse et en décider la détermination.

FAMILLE DES HÉPATIQUES

1 Preissia commutata.
2 Metzgeria pubescens.
3 furcata.
4 v. *b* major Nees.
5 Aneura palmata.
6 multifida.
7 Lejeunia serpyllifolia.
8 Frullania dilatata.
9 tamarisci.
10 Madotheca platyphylla.
11 v. *b* major.
12 v. (inédite).
13 lævigata.
14 Radula complanata.
15 Ptilidium ciliare.
16 » v. *a* commune.
17 » v. ericetorum.
18 Trichocolea tomentella.
19 Mastigobryum deflexum.
20 » v. tricrenatum.
21 trilobatum.
22 Lepidozia reptans.
23 » v. tenera.
24 trichomanes.
25 Chiloscyphus pallescens.
26 Lophocolea interrupta.
27 minor.
28 » v. erosa.
29 heterophylla.
30 Alicularia scalaris.
31 Scapania undulata.
32 » v. Mayor.
33 speciosa.
34 æquiloba.
35 » v. erosa.
36 umbrosa.
37 Plagiochila interrupta.
38 asplenioïdes.
39 » v. *a* major.
40 Plag. asplenoïdes v. *a* minor.
41 » v. longior flexuosa.
42 Gymnomitrium concinnatum.
43 Sarcoscyphus Funkii.
44 » v. obtusifolius
45 Ehrharti.
46 » v. *b* aquaticus.
47 » v. (inédite).
48 Jungermannia barbata.
49 v. Florkii transitus.
50 v. Flörkii.
51 v. Schreberi.
52 lycopodioïdes.
53 crenata.
54 v. *a* dentata.
55 triscupidata.
56 v. uliginosa
57 v. vulgaris.
58 minuta.
59 acuta.
60 riparia
61 trichophylla
62 nana.
63 julacea.
64 Starkii.
65 albescens.
66 tersa.
67 » v. rivularis.
68 obovata.
69 bicrenata.
70 intermedia.
71 alpestris.
72 hyalina.
73 Marchantia polymorpha.
74 hemisphærica.

ADDENDA

75 Jungermannia porphyroleuca.
76 cordifolia.

77 Iungermannia polyanthos.
78 v. rivularis
79 compressa.
80 incisa.
81 compacta.
82 exsecta.
83 polycerata.
84 pratensis.
85 Iungermannia nemorosa.
86 subapicalis.
87 attenuata.
88 albicans.
89 v. vittata.
90 resupinata.
etc., etc., etc.

FAMILLE DES LICHENS

1 Usnea barbata Fries.
2 » v. *a* florida
3 » v. *b* hirta
4 » v. *b* ceratina.
5 » v. *c* plicata Schaer.
6 » v. *e* dasypoga Sch.
7 Cornicularia jubata. DC.
8 v. *a* bicolor Schær.
9 v. *b* chalybeiformis Ach.
10 v. *c* prolixa Schaer.
11 v. *d* cana Schaer.
12 ochroleuca Schær.
13 v. *a* rigida Schær.
14 v. *b* crinalis Schaer.
15 vulpina DC.
16 Physica furfuracea DC.
17 ciliaris.
18 v. *b* crinalis.
19 prunastri DC.
20 v. *a* soredifera Schaer.
21 divaricata Schær.
22 Cetraria glauca Ach.
23 v. *a* vulgaris Ach.
24 v. *b* fallax.
25 juniperina Ach.
26 v. *a* terrestris Schaer.
27 Cetraria v. *b* pinastri Schaer.
28 nivalis Ach.
29 cucullata (Platisma).
30 Islandica Ach.
31 v. *a* vulgaris Schaer.
32 v. *b* crispa Schaer.
33 aculeata Schaer.
34 v. *a* campestris Sch.
35 v. *b* alpina Schaer.
36 Nephroma resupinatum Ach.
37 v. tomentosum
38 b Sorediatum Sch.
39 Peltigera venosa Hoffm.
40 aphtosa Hoffm.
41 malacea Ach.
42 canina Hoffm.
43 v. *a* ulorrhiza Schaer.
44 v. *b* membranacea Schaer.
45 Neckeri H.
46 horizontalis Hoffm.
47 sylvatica Hoffm.
48 Solorina crocea Ach.
49 saccata Ach.
50 Umbillicaria vellea.
51 v. *a* hirsuta Schaer.
52 v. *b* depressa a papyria S.

53 Umbillicaria v. *b* depressa *b*. vulgaris. S.
54 v. *c* spadocroa Schær.
55 v. abortiva Schær.
56 v. prolifera Schær.
57. pustulata Schær.
58 polymorpha.
59 v. *a* cylindrica Schær.
60 v. *b* mesenteriformis Sch.
61 antracina Schær.
62 v. *c* reticulata Schær.
63 polyphylla Hoffm.
65 v. *a* glabra Schær.
66 v. *b* flocculosa Wulfn.
67 v. *b* hyperborea Schær.
68 polyrrhizos Scheer.
69 Sticta Pulmonaria Ach.
70 linita Ach.
71 scrobiculata Ach.
72 fuliginosa Ach.
73 Parmelia (imbricaria) perlata Ac.
73ᵃ caperata Ach.
74 acetabulum Ach.
75 rubiginosa Ach.
76 v. *b* cæruleo-badia Sch.
77 (squamaria) pulverulenta Ac.
78 v. *a* allochroa Sch.
79 v. *b* angustata Schær.
80 Lobaria pulchella Schær.
81 v. *a* cœsia Schær.
82 stellaris Ach.
83 v. *a* aipolia Schær.
84 v. *b* ambigua Schær.
85 (imbricaria) ceratophylla Ac.
86 v. *a* physodes Sch.
87 v. *b* candelaria Sch.
88 v. *b* multipunctata Sch.
89 v. *c* vittata Sch.
90 quercifolia Ach.
91 v. *a* tiliacea Schær.
92 aleurites Ach.
93 saxatilis Ach.
94 v. *a* leucochroa Sch.
95 v. *b* omphalodes Sch.
96 saxatilis
97 v. *c* panniformis Schær.
98 compersa Ach.
99 v. *b* stenophylla Ach.
100 v. *a* elatior Schær.
101 Parmelia ambigua Ach.
102 v. *a* diffusa Schær.
103 v. *b* albescens Schær.
104 olivacea Ach.
105 v. *c* collematiformis Schlec
106 dendritica Schær.
107 fahlunensis Schær.
108 v. *a* vulgaris Schær.
109 v. *b* stygia b. angustior.
110 v. *c* tristis Schær.
111 v. *d* lanata Schær.
112 parietina Ach.
113 v. *a* vulgaris Schær.
114 v. polycarpa Schær.
115 lychnea Schær.
116 (amphiloma) hypnorum.
117 v. *a* decurata Sch.
118 lobaria carnosa Schær.
119 ammiocola Schær.
120 Placodium elegans H.
121 v. *a* discreta Schær.
122 murorum H.
123 lobulatum Flörk.
124 candelarium Ehrh.
125 aurantiacum H.
126 v. flavovirescens.
127 vitellinum Hepp.
128 Lecanora frustulosa Ach.
129 Lamarkii Lag.
130 crassa Ach.
131 v. gypsacea Ach.
132 radiosa Schær.
133 v. *a* circinnata Sch.
134 friabilis Sch.
135 v. *b* Soredifera
136 v. *a* fulgens Sch.
137 flava Sch.
138 v. *a* oxytoma Sch.
139 muralis Schreb.
140 v. *b* diffracta Schær.
141 v. disperso areolata Sch.
142 v. albescens Sch.
143 badia Ach.
144 v. *a* major Sch.
145 rimosa Sch.
146 v. *a* sordida Sch.
147 v. *c* rugosa Sch.
148 v. *c* corallina Sch.
149 v. *c* subcarnea Sch.

150 Lecanora atra Ach.
151 v. a vulgaris Sch.
152 v. *b* distans. Sch.
153 v. *b* pinastri Sch.
154 v. hypnorum Sch.
155 pallida Ach.
156 pallescens Linn.
157 v. *b* upsaliensis Sch.
158 v. *c* tumidula Sch.
159 v. *c* Sorediata.
160 v. *c* alboflavescens Sch.
161 tartarea Ach.
162 v. *c* frigida Sch.
163 varia Ach.
164 v. *a* pallescens Sch.
165 ventosa Ach.
166 radiosa Ach.
167 myrrhinæformis Sch.
168 v. circinnata Sch.
169 Urceolaria cinerea Ach.
170 v. *a* vulgaris S.
171 v. *b* alba S.
172 v. *b* multipunctata
173 v. *c* ochracea S.
174 v. atrocinerea S.
175 cenereo rufescens A.
176 scruposa Ach.
177 v. *a* vulgaris S.
178 v. *b* arenaria S.
179 calcaria Ach.
180 v. concreta S.
181 Gyalecta Acharii West.
182 cupularis Ehrh.
183 Lecidea (Psora) decipiens Ach.
184 atrorufa Ach.
185 lurida Ach.
186 globifera Ach.
187 triptophylla Ach.
188 v. *c* pezizoides S.
189 squalida Schlech.
190 testacea Hoffm.
191 cæruleo nigrescens Sch.
192 conglomerata Ach.
193 pulchella Schrad.
194 (Biatora) ileiformis Fries.
195 candida Ach.
196 pemina Schær.
197 geographica Ach.
198 v. *a* contigua Schær.
199 Lecidea v. *b* atrovirens Schær.
200 v. *c* alpicola Schær.
201 superficialis Schær.
202 (rhizocarpon) armeniaca Sc
203 v. *a* nigrita Schær.
204 viridi atra Schær.
205 Morio Schær.
206 v. *a* testudinea Sch.
207 v. *c* coracina Schær.
208 atrobrunnea Schær.
209 confervoïdes Ach.
210 v. *c* concreta Schær.
211 v. glaucescens Sch.
212 confluens Schær.
213 v. *a* vulgaris Sch.
214 v. *b* leucitica Schær.
215 v. *a* (inédite) (herb.)
216 flavo cærulescens Schær.
217 albo cærulescens Ach.
218 v. *a* vulgaris Sch.
219 v. *b* alpina Sch.
220 contigua Sch.
221 v. *a* vulgaris Sch.
222 calcaria Schær.
223 v. *a* Weisii Schær.
224 v. *b* tuberculosus Sch.
225 alboatra Hoffm.
226 petræa Wulfm.
227 v. *a* oxydata Schær.
228 elata Schær.
229 platycarpa (Biatora) Ach.
230 cæsio pruinosa Sch.
231 alba Schleich.
332 abietina Ehrh.
233 globulosa Flörk.
234 goniophila Flörk.
235 punctata Flörk.
236 v. *a* parasema Sch.
237 v. *b* areolata Sch.
238 turgidula Flork.
239 sabuletorum Ach.
240 v. *a* terrestris Sch.
241 muscorum Hepp.
242 alpestris Sch.
243 uliginosa Ach.
244 synothea F.
245 sphæroides Sch.
246 v. *a* conglomerata Sch.
247 æruginosa Schær.

248 Lecidea vesicularis Ach.
249 coralloïdes Hoffm.
250 cinnabarina.
251 rupestris Ach.
252 saxatilis Hepp.
253 Biatora species mihi.
254 Opegrapha atra.
255 v. stenocarpa Hepp.
256 herpetica Ach.
257 v. subsulcata Sch.
258 varia.
259 v. lichenoides Sch.
260 v. pulicaris Sch.
261 Calicium turbinatum P.
262 chlorinum Stenh.
263 salicinum Pers.
264 (trichia) lenticulare Hoffm.
265 v. *a* cerviculatum F.
266 nigrum Schær.
267 v. *b* curtum Schær.
268 v. *c* pusillum Schær.
269 chrysocephalum Schær.
270 v. filare Schær.
271 trichiale.
272 Coniocybe?
273 Sphærophorus fragilis Pers.
273[a] coralloides Pers.
274 Stereocaulon nanum Ach.
275 corallinum Sch.
276 paschale Laur.
277 tomentosum Fries.
278 v. *b* inciso crenatum Schær.
279 alpinum Laur.
280 v. stygmata Rtr.
281 Cladonia (cenomyce) Ach.
282 extensa Schær.
283 v. maginalis Schær.
284 deformis Hoffm.
285 v. crenulata Schær.
286 scyphosa crenulata Schær.
287 marginalis Sch.
288 digitata v. alba Sch.
289 bellidiflora Sch.
290 v. scyphosa phyllocephala S
291 fimbriata Hoffm.
292 v. scyphosa prolifera Sch.
293 pyxidata.
294 v. scyphosa marginalis Sc.
295 v. phyllocephala Sch.
296 Cladonia neglecta Flörk.
297 v. scyphosa squamulosa Sc.
298 degenerans Flörk.
299 v. scyphosa marginalis Fl.
300 squamulosa Sch.
301 alcicornis Ligth.
302 cervicornis Ach.
303 v. scyphosa prolifera Sch.
304 gracilis Hoff.
305 v. *a* chordalis Flörk.
306 v. *b* turbinata Sch.
307 v. scyphosa prolifera Sch.
308 v. furcata proboscidea Sch.
309 amaurochroa (capitula) Flör.
310 v. scyphosa dilacerata Sch.
311 simplex verrucosa Raben.
312 ceranoïdes (chasmaria) Fl.
313 v. prolifera dilacerata Sch.
314 v. marginalis Sch.
315 cenotea Flörk.
316 v. *a* brachiata Sch.
317 v. *b* prolifera.
318 squamosa Hoffm.
319 v. *a* microphylla Sch.
320 v. *b* squamosissima Sch.
321 fungiformis Sch.
322 stellata Sch.
323 v. *a* uncialis Sch.
324 v. *b* obtusa Sch.
325 furcata Hoffm.
326 v. *a* racemosa spinulosa Sc.
327 v. *b* squamulosa Sch.
328 v. *b* recurvata Sch.
329 rangiferina.
330 v. *a* vulgaris Sch.
331 v. *c* sylvatica Sch.
332 v. *c* alpestris Sch.
333 pumila.
334 Thamnolia vermicularis Hoff.
335 v. *a* taurica Sch.
336 Pyrenula oxyspora Nyl.
337 muscorum Fries.
338 cerasi Schrad.
339 punctiformis.
340 v. atomaria Hepp.
341 Verrucaria chlorita Ach.
342 fuscella Tarn.
343 cærulea Ram.
344 Harrimanni Ach.

345 Verrucaria rupestris Schrad.
346 Leightoni Hepp.
347 Thrombium byssaceum Sch.
348 sticticum Sch.
349 Thelotrema clausum.
350 Pertusaria rupestris Schær.
351 communis DC.
352 Endocarpum miniatum Ach.
353 v. *a* monstrosum Sch.
354 v. *b* complicatum Sch.
355 v. *c* aquaticum Sch.
356 pusillum Hedv.
357 v. *a* Hedwigii Sch
358 v. *c* pallidum Sch.
359 cinereum Pers.
360 Lepra alba Smith.
361 sulphurea Ehrh.
362 rubens Hoffm.
363 chlorina Ach.
364 candelaris Schær.
365 æruginosa Eh.
366 v. latebrarum Sch.
367 Spiloma? (addenda)
368 Arthonia astroidea Ach.
369 Psora orcina Hepp.
370 Psora turfacea Ach.
371 v. *a* pachnea Sch.
372 Synchoblastus vespertilio Leg.
373 Isidium corallinum Ach.
374 Biatora fusca Hepp.
375 Synalyssa coralloïdes Massal.
376 Placidium Michelii Massal.
377 Myriospora veronensis Massal.
378 Collema pannosum Hoffm.
379 atrocæruleum Sch.
380 v. *a* lacerum Sch.
381 v. *b* pulvinatum Sch.
382 v. *c* lophæum Sch.
383 rupestre.
384 v. *a* flaccidum Sch.
385 v. *b* furvum Sch.
386 granosum Wulfm.
387 multifidum Sch.
388 v. *c* jacobæfolium Sch.
389 v. polycarpon Sch.
390 cristatum Sch.
391 microphyllum Ach.
392 Hildenbrandti Garov.
393 Mallotium myochroum Massal.
394 tomentosum Koch.

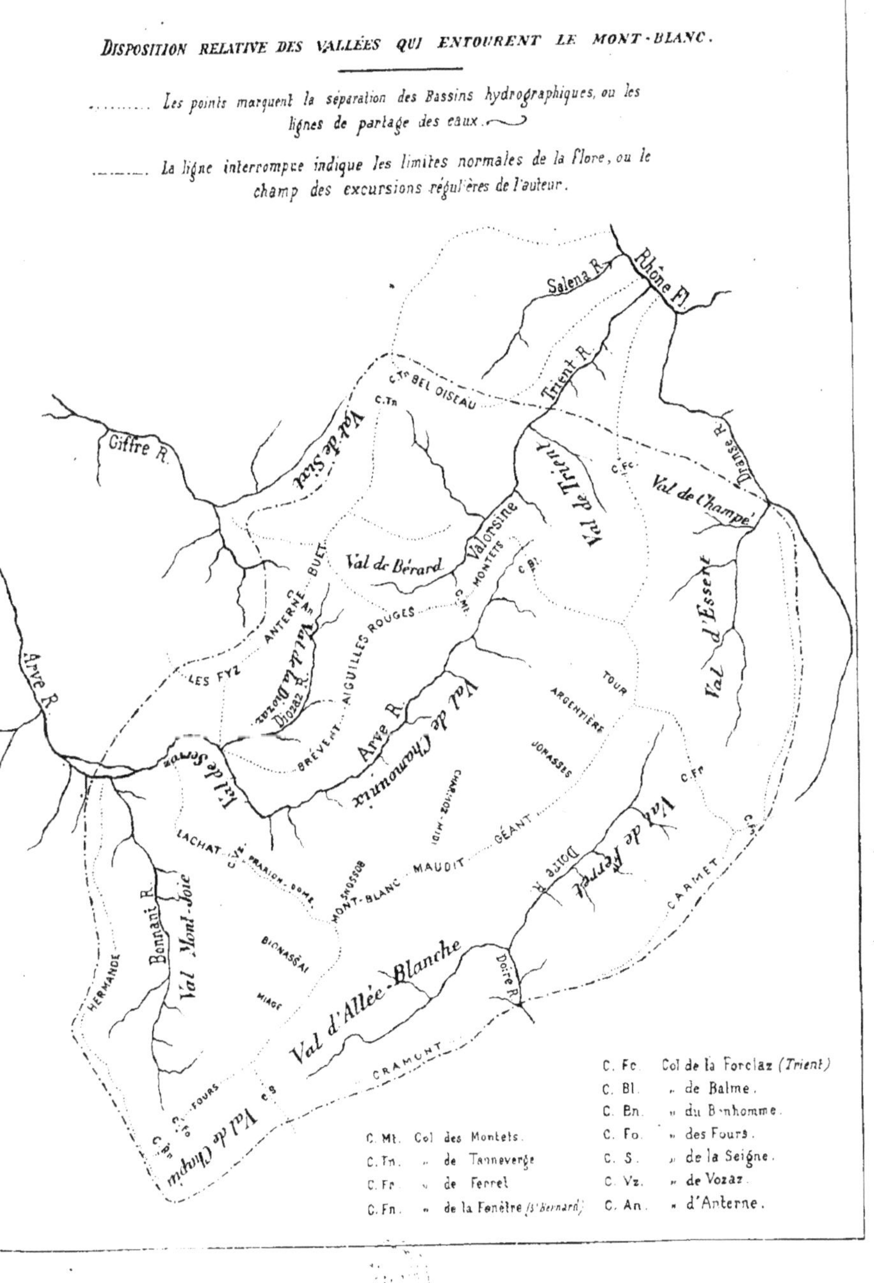
DISPOSITION RELATIVE DES VALLÉES QUI ENTOURENT LE MONT-BLANC.
.... Les points marquent la séparation des Bassins hydrographiques, ou les lignes de partage des eaux.
—.—.—. La ligne interrompue indique les limites normales de la flore, ou le champ des excursions régulières de l'auteur.
Rhône Fl.
Salena R.
Trient R.
C.te BEL OISEAU
C.Tn
Val de Sixt
Giffre R.
Val de Trient
C.Fc
Dranse R.
Val de Champé
Valorsine
Val de Bérard
BUET
MONTETS
C.Bl.
C.Mt.
Val d'Essert
C.An
ANTERNE
Val de la Diozaz
AIGUILLES ROUGES
Arve R.
LES FYZ
Diozaz R.
TOUR
ARGENTIÈRE
Val de Chamounix
BRÉVENT
Arve R.
JONASSES
Val de Servoz
CHARMOZ-MIDI
C.Fr
GÉANT
Val de Ferret
C.Fn
LACHAT
PRARION-DOME
MAUDIT
Doire R.
MONT-BLANC
BOSSONS
CARMET
Bonnant R.
Val Mont-Joie
BIONASSAI
HERMANDE
MIAGE
Val d'Allée-Blanche
Doire R.
CRAMONT
FOURS
C.Fo
C.S
C.Bn
Val de Chapiu
C. Mt. Col des Montets.
C. Tn. „ de Tanneverge
C. Fr. „ de Ferret
C. Fn. „ de la Fenêtre (S.t Bernard)
C. Fc. Col de la Forclaz (Trient)
C. Bl. „ de Balme.
C. Bn. „ du Bonhomme.
C. Fo. „ des Fours.
C. S. „ de la Seigne.
C. Vz. „ de Vozaz.
C. An. „ d'Anterne.

RÉCOMPENSE NATIONALE

MÉDAILLE D'ARGENT

A L'EXPOSITION DE TURIN EN 1858

Pour la bonne Classification et la parfaite Conservation des Plantes

Décernée à V. PAYOT

Naturaliste de S. M. Victor-Emmanuel II, roi de Sardaigne

OUVRAGES DU MÊME AUTEUR

Guide-itinéraire au Mont-Blanc, à Chamounix, et dans les vallées voisines, contenant : 1° l'hypsométrie de toutes les altitudes des montagnes qui ont été mesurées, comprises dans les limites ci-dessus ; 2° l'énumération de tous les glaciers, réservoirs, et écoulements ; 3° la liste de tous les ascensionnistes au Mont-Blanc; orné d'une carte, et approuvé par le Comité des guides de Chamounix. 1857. 1 volume in-18 de 150 pages.

Catalogue des principales plantes qui croissent sur la chaîne du Mont-Blanc, et dans les limites du rayon de circonscription, rédigé en forme d'étiquettes pour herbier. 1 vol. in-4° de 40 pages, 1844.

Guide du Botaniste au Jardin de la Mer-de-Glace, ou catalogue des plantes qui croissent à cette limite de la végétation, avec une notice sur l'avancement des deux principaux glaciers de la vallée. Petit opuscule in-18 de 15 pages, 1854.

Catalogue de la série des roches de la chaîne du Mont-Blanc et du massif des terrains composant la nature géologique du groupe de montagnes comprises dans ce même rayon de circonscription. In-4 de 12 p., 1855.

Observations thermométriques et météorologiques sur la vallée de Chamounix et sur la température de l'Arve, des sources et des torrents de cette vallée, faites pendant les hivers 1855, 56 et 57. (Extrait des Annales de la Société d'Histoire naturelle de Lyon.)

Catalogue phytostatique des plantes cryptogames vasculaires, ou Guide du Phytologiste, contenant la synonymie, l'habitat., la station, l'exposition, la localité, l'altitude, le sol de croissance, les noms vulgaires, les propriétés médicinales et les époques de fructification.

OBSERVATION. — On trouve aussi au Muséum du Mont-Blanc des collections renfermant toutes les plantes phanérogames et cryptogames qui croissent sur cette chaîne; échantillons complets pour l'étude, collections types de monographies, de genres, de familles, de plantes médicinales et vénéneuses, de fougères ou ferns, des centuries ou fascicules de plantes rares de la chaîne du Mont-Blanc et du Mont-Rose, et de celles qui forment la limite supérieure de la végétation des Alpes pennines, ainsi que les graines de chacune d'elles, de même que les plantes vivantes pour jardin.

Les plantes phanérogames et cryptogames se vendent aussi en exsiccata ou en desiderata, les premières à raison de 12 francs la centurie, représentées par deux exemplaires au moins de chaque espèce, fleurs et fruits; les secondes, ou celles qui font le sujet de ce catalogue, 20 francs le cent, rangées avec goût, et exactement classées.

www.ingramcontent.com/pod-product-compliance
Lightning Source LLC
LaVergne TN
LVHW050426160826
845677LV00002BA/558

* 9 7 8 2 3 2 9 6 8 8 7 8 7 *